矽島的危與機

危與機

半導體與地緣政治

黃欽勇、黃逸平——著

推薦序

國立陽明交通大學 國際半導體產業學院

張翼 講座教授兼院長

---

21 世紀後，幾乎一般人日常生活工具及科技設備都會使用到半導體元件，而台灣在全球化的半導體產業鏈中扮演了極其重要的關鍵角色。新冠疫情期間，半導體的供應鏈發生問題，台灣半導體產業的重要性更被凸顯出來，也引起世界各國的關注，「護國神山」之名也因此不脛而走。

但台灣半導體產業是一個「高張力」的產業，這個產業裡的許多從業人員（特別是工程師）經常鎮日埋頭在廠房工作，對整體產業的了解或有不足，普遍有「不識廬山眞面目，只緣身在此山中」的情況。電子時報（DIGITIMES）黃欽勇社長根據他多年來對台灣半導體產業發展的觀察，在本書中配合許多的實際數據及獨到的圖表解析，將台灣半導體產業的發展歷史、現況，以及未來放到全球化的版圖中說明其來龍去脈，兼顧台灣角度及全球視野，是一個極具挑戰性的嘗試，而且非常成功。我強烈推薦所有在半導體產業工作的從業人員、甚至有意投入半導體產業的大學生及研究生都仔細閱讀此書，這將有助於了解台灣半導體產業的全貌及自己工作的重要性。

自序

　　後冷戰時期，國際經貿受惠於穩定的政治環境而蓬勃發展，從 1991 年蘇聯解體至今大約 30 年，在全球化的大架構下，世界貿易往來井然有序，分工上下有別。進入 2020 年後，COVID-19 疫情、供應鏈斷鏈、地緣政治、通貨膨脹等四大變數接踵而來，產業前進的路徑脫離歷史的陳規劇烈變動。當中，台灣的半導體與供應鏈更是深受地緣政治的影響。

　　美國與中國隔著太平洋對陣，雙方政治角力移轉到印太地區。美國、日本、印度及澳洲組建的「四方安全對話」（Quadrilateral Security Dialogue, Quad）自 2021 年開始高頻率的互動，也被視為周邊國家對中國區域影響力日增的回應。美國總統拜登 2022 年選擇在東京正式宣布推動「印太經濟框架」（Indo-Pacific Economic Framework, IPEF），印度作為未來全球第一大人口國與第三大經濟體，預期將會是美國印太戰略的關鍵盟國。

　　美中不只在意識形態上針鋒相對，更進一步在高科技領域上競逐領先地位。中國人口眾多，以手機為平台建構了一個網路大

國，以國內市場驅動應用，帶來與西方世界截然不同的產業新動能。另一方面，2019 年迄今，美國採取了貿易制裁、技術制裁、生態系制裁的三階段措施，有系統地阻撓華爲取得關鍵晶片；2022 年又施壓荷蘭半導體設備廠 ASML 禁售微影設備給中國，都具體展現產業與科技實力甚至國力的密切關係。

　　COVID-19 疫情期間供應鏈斷鏈，半導體供需失衡受到前所未有的關注。半導體產業具有資本密集、技術密集等特色，毫無疑問地已是國家級的戰略性產業。美國川普、拜登兩任總統都強調「有意義地掌握供應鏈」，並積極重建美國半導體製造能力，美日印澳的四方安全對話甚至特別提到半導體供應鏈的韌性，強調必須以國際合作維護半導體及關鍵零組件的供應穩定。

　　東亞島弧上的日本、韓國、台灣因位在美蘇勢力交界，戰略地位重要，曾被稱爲「第一島鏈」；經過半世紀科技產業的加持之後共構出「科技島鏈」，成爲全球供應鏈中不可取代的一環。在不斷鼓吹軟體是王道的網路時代裡，供應鏈的價值最近也被重新定位，尤其 2021 年半導體大缺貨後，聚焦台灣的樞紐角色更甚以往。同年 7 月，美日在第一島鏈上的奄美大島進行「東方之盾」（Orient Shield）聯合軍演，這是兩國有史以來最大規模的聯合軍演，劍指台海的穩定與安全。

　　世局多變，台灣許久未曾有這麼多的關切，但也有很多人提及地緣政治的變化已經成台灣半導體業最大的風險，我們應該用

什麼角度觀察台灣產業的未來？近 10 年來，因應智慧型手機及伴隨而來的物聯網商機興起，市場需求益趨多元，分散型的生產體系醞釀成形，在地產業與經濟的連動愈來愈重要。在中美兩極分立的世界體系之下，台灣掌握了半導體與供應鏈兩大優勢，將會是東協國家、南亞等新興市場絕佳的戰略夥伴。

台灣有 800 家上市櫃的電子公司，2022 年營收加總可望上看 1 兆美元；若從負面角度思考，您可以說是百萬人焚膏繼晷「賣肝」的成果，但從正面角度出發，沒有電子業，台灣何去何從。我試著以多年的產業研究經驗，寫下我對時局的觀察，希望提供不同視角的省思。

從事這個行業最大的樂趣就是菁英匯聚，「三人行，必有我師」，關鍵在於選擇哪樣的企業、用什麼心態工作。身為科技媒體創辦人，我有很多機會接觸頂尖企業領導人，也有機會從美國、中國、日本、韓國、台灣，甚至德國、印度的角度觀察地緣政治與半導體的關係。今時今日，地緣政治成為台灣最難預測，也最脆弱的一環，也最需要打破框架的政策創意。我們不能老是自嘲「沒有共識，就是最大的共識」。時代變了，產業的發展模式必須與時俱進，但是，台灣進步了嗎？

美國、日本、歐盟甚至印度都提出與台灣產業結盟的需求或期待，台灣在人才與土地等基礎條件上捉襟見肘，對外的確得尋求全世界的合作，但所有的產業戰略都應該回歸如何提升本土

的附加價值，全面性提高長期競爭力，方能成為真正的「東方之盾」。在 G2 的大格局下，針對未來 10 年、20 年，我們該如何研擬產業戰略，規劃出一套產業發展藍圖，並成為產業發展的共識？沒有好的產業戰略，或不斷地討論、更新競爭策略與資訊，台灣落入「人為刀俎，我為魚肉」的情境也不是不可能！

黃欽勇

2022.07.28

目次

楔子

　　2022 年的 8 月 2 日夜裡，美國眾議院議長裴洛西漆上星條旗的專機，就降落在 DIGITIMES 辦公室前的松山機場跑道，這次旋風式的 20 小時訪問，在台灣海峽與西太平洋掀起淘天巨浪。中國軍演之前，台積電董事長劉德音接受 CNN 的專訪，談到台積電不可能在「武力」之下可以維持正常的運轉，這是個需要相互信賴的產業，一旦生變，將是全球供應鏈的浩劫。這家掌握全球最先進製程的科技公司，與台灣的半導體、ICT 產業供應鏈一起被稱為護國群山，如今已經站在東西方陣營對峙的第一線上。過去總認為「商業歸商業」的科技公司，如今都明白，我們沒有一個人可以自外於國際政治的大局。

　　半個世紀前的冷戰時期，北約組織（North Atlantic Treaty Organization, NATO）在東西歐之間畫出邊界，柏林圍牆成為人們理解極權與民主社會的分界線。在東方，韓戰後的朝鮮半島被 38 度線分隔成兩個世界，更不用說台灣與中國大陸隔著海峽各自唱著自己的調。這個階段的東、西方壁壘分明，就算沒有世界貿易組織（World Trade Organization, WTO），但國際分工體系上

下有別，世界貿易往來井然有序，在效益至上的經營原則下，全球化成爲很自然的選項。

1970 至 1990 年代，兩次石油危機讓各國積極尋找最佳的解決方案，透過全球化的分工體系，產業界提升了效率，也大幅度改善了生活水平。台、韓等東亞新銳跟隨這波浪潮，在日本領銜的雁行理論下走向現代化之路。優質的教育、長期執政的政府，加上儒家文化薰陶下的效率與社會秩序，讓日本、台灣、韓國在國際分工秩序重整的過程中，成爲建立發展典範的幾個國家。

日本、韓國、台灣都不甘侷限在勞力密集的傳統製造業，開始以國家資本挹注尖端科技或資本密集產業的發展，將加工出口區升級爲科學園區，將小作坊型態的中小企業改造成動輒萬人，爲全球頂級大廠配套的供應鏈。經過半個世紀的歷練，如今這些東亞的新興工業國家，不僅成爲全球供應鏈中不可或缺的一環，更從提供勞力密集的產品組裝，進化到供應資本與技術密集的半導體、面板等關鍵零組件。半個世紀前是冷戰第一線的日本、韓國、台灣被稱爲第一島鏈，如今依然動見觀瞻，從個人電腦、伺服器、手機，一路延伸到電動車與醫療器材、生物科技等多元的產業生態系中。以弧形島嶼連結的東亞國家成了全球供應鏈的重要環節，也被譽爲科技島鏈。

文革之後，見識了東亞繁榮盛世的中國，猶如睡獅初醒，開始了改革開放之路。鄧小平說：「不管黑貓白貓，會捉老鼠的都

是好貓」。由中南海中共核心領導驅動的戰略布局，讓世界見識到中國改革開放與驚人的氣勢。透過深圳等經濟試點吸引外資，在經濟發展與民族主義的雙軌訴求下，整個國家飛躍成長，社會的樣貌也看似與西方世界愈來愈接近。民主陣營期待中國經濟的改善、所得的提升可以制衡蘇聯，並為世界帶來長期的和平與繁榮盛世。

2009 年後，中國取代日本，成為全球 GDP 總量第二大的國家。新中國不想蟄伏，不想總是在來料加工的低階勞動中打轉，希望以進口替代，自給自足。2014 年起，中國半導體進口金額超過石油，2021 年更超過 4,300 億美元。中國想依靠「大基金」（國家集成電路產業投資基金）發展半導體產業，在 2015 年發布「中國製造 2025」計畫，分 3 階段實現成為「世界製造強國」的目標，但自給自足的理想還未實現，反倒招來歐美國家的側目。

2010 年之後，鬥志高昂的新中國帶動了地緣政治的變化，中國關起門來自己發展的網路世界也自成格局，但共產主義與資本主義對於「私有財產權」的認知落差，正逐漸成為兩大陣營齟齬不斷的根源。如果我們相信「數據」將會是 21 世紀的石油，那麼數據價值的認知，將影響遊戲規則、資本運作；而中國等新興國家為了更多的發言權、更大的發展空間，與西方世界各自組建自己的發展平台，讓很多中型國家容易落入進退失據的窘境。

如今的國家經濟發展，受到地緣政治的影響，已經不是過去

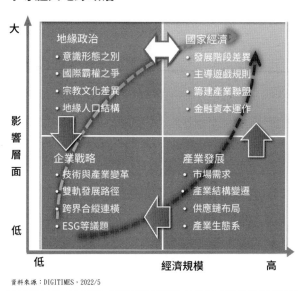

半導體與地緣政治

資料來源：DIGITIMES，2022/5

「全球化」時代上下分工的共識，而是多軌競爭、沒有共主的新時代。美國川普、拜登兩任總統都強調「有意義的掌握供應鏈」，在軟體掛帥的網路時代，供應鏈出現了新的價值定義。隨著產業興起遷移的新浪潮，技術的變遷也影響市場需求，在地產業與經濟的連動愈來愈重要，分散型的生產體系輪廓浮現，企業不會無視於這些可能影響生存的關鍵，跨國、跨界的合縱連橫，在科技民族主義與 ESG（Environmental, Social, and Governance）等新議題的作用下，顯得更為複雜。

　　自英特爾（Intel）於 1968 年創立，從 1970 年代起，半導體開始跳脫傳統大型系統業者獨攬系統與 IC 設計製造的垂直整合發展模式，獨立的 IC 整合元件製造廠（Integrated Device Manufacturer, IDM）漸成主流。英特爾先在記憶體嶄露頭角，而日本在 1970 年代末期由通產省（現經濟產業省）出面整合，並在記憶體市場後來居上，讓英特爾在個人電腦（PC）商機崛起時，選擇專注於微處理器的戰略。這個階段的美日大廠，除了核心技術的開發之外，也在設備、材料、設計工具等周邊事業上建立了生態系，甚至影響到今日產業的發展。

　　台、韓在 1980 年代半路殺出，但因國力、人才、基礎產業受限，只能各自在記憶體、晶圓代工領域找尋立足點，成為今日全球半導體供應鏈中不可或缺的一環。起步較晚的中國在 2000 年以後，期待能以中芯國際領銜，創造後發先至的契機，雖產業分工明確，但處處都是智財陷阱與設備管制的現實，讓中國舉步維艱，也不得不為。畢竟萬物連網時代，半導體無所不在，也影響深遠。中國如果在半導體產業上取得明顯的突破，那麼國際政治的格局也將隨之改變。

　　2011 年夏季的 APEC 高峰會中，美國總統歐巴馬與中國國家主席胡錦濤在夏威夷會面，歐巴馬說：「中國應該按牌桌的規矩打牌」（China must play by the rules）；又說：「對美國而言，如果技術、專利沒有得到尊重的話，那將是個大災難」。美國是

以軍事、政治為後盾，以金融、專利、技術優勢取得關鍵利益的
國家，而後起的中國正尋找翻身之道，兩邊的利益衝突顯而易見，
也讓位處前線的台灣再聞煙硝味，就算美國前國務卿季辛吉說：
「美中兩國不應以台灣做為角逐的籌碼」，但台灣的半導體與供
應鏈優勢懷璧其罪，很難自外於國際大局。

　　當時胡錦濤說：「應該讓新興國家有更多的發言權」，次日
中國外交部副部長更說：「中國不會在美國的遊戲規則底下參與
遊戲」。經濟落差縮小之後，中美在國際舞台的產業競爭加劇，
美國海軍以掌握全球 16 條關鍵水道做為基礎的布局，中國以一
帶一路回應，6 條連結現代國際貿易關係的經貿之路已經成形，
兩方的態度與布局漸趨明朗，也從意識形態之爭走入在軍事、經
濟、科技多個領域中短兵相接的新階段。

　　如果大格局沒有改變的話，2030 年之後，中國將成為全球
GDP 總量排名第一的經濟大國。除了美國落居第二之外，年輕人
口眾多的印度將排名第三，而德國也將超越老齡化的日本。日本
不僅從 2008 年的世界第二大經濟體，一路往下落到第五名，甚
至可能在 2030 年之前，國民的人均所得都會輸給曾是殖民地的
台灣與韓國。

　　這些看似無關緊要的數字，卻微妙隱藏著國家競爭的密碼。
如果我們理解經濟總量甚至不如韓國的俄羅斯，在烏俄戰爭時捉
襟見肘，就可以理解總體經濟實力的重要性。烏俄大戰中，俄羅

斯可以威脅西方世界的除了只能威嚇，但不能實用的核彈之外，就是石油、天然氣這些能源，以及一些西方世界較少的稀有金屬。《經濟學人》報導，過去 20 年俄羅斯總共出口了 4 兆美元的石油、天然氣，而這些外匯收入就是今日威脅歐洲的根源。

烏俄戰爭開打之後，歐美知名品牌紛紛撤出俄羅斯，除了麥當勞、星巴克之外，原本堅持 Uniqlo 只是生活必需品的創辦人柳井正，最終也選擇撤出俄羅斯。但土耳其一方面販售軍用的無人機給烏克蘭，另方面繼續從與俄羅斯的雙邊貿易中獲利。原本還在觀望的台灣廠商，在耶魯大學點名華碩、宏碁、微星這些公司應撤出俄羅斯之後，也不得不表態支持西方的陣營。制裁俄羅斯不僅僅是營收上的損失，甚至可以說是在意識形態上選邊站，與惡意將政治、經濟無限連結的小粉紅之間，開始一場持久的鬥爭。

然而，俄羅斯終究是個高度仰賴能源的中型經濟體，請試想，如果這次的爭鬥出現在台海，其他周邊國家會如何因應這樣的局面呢？

中國即將成為全球第一大經濟體，也是世界工廠。台灣是世界第二大半導體生產國，而且全球最先進的製程都掌握在台商手上。台海生波，日韓會受到影響，從半導體的角度而言，更可能是一場前所未有的大變局。

2022 年 4 月 COVID-19 的疫情緊張，繼深圳、東莞封城後，上海也隔江分成浦東、浦西分區整治。台積電說，上海松江廠是

8 吋廠，僅占台積電總產能 1%，但韓國兩家全球排名第一、第二的記憶體大廠，也將生產主力放在中國：三星在西安的工廠，貢獻三星全球 NAND 快閃記憶體（Flash Memory）產出的 42%，而 SK 海力士在江蘇無錫的 DRAM 工廠，更占了該公司全球產出的 47%。一旦台海風雲緊急，韓廠會被要求選邊站，兵凶戰危的同時，也必然是全球經貿秩序大洗牌的時刻。對霸權國家而言，沒有變動，就沒有機會；但對產業立國的中型國家而言，卻可能是萬劫不復的災難。

如果我們認知「數據」是 21 世紀的石油，那麼我們便要深度理解驅動數據的邏輯晶片與儲存數據的記憶體從何而來？也必須探索創造數據的公司，如何在國家資本主義之前維持與客戶之間的價值關係。

簡單地說，蘋果手機與特斯拉電動車產生的數據歸誰？中國市場貢獻了蘋果 20% 的營收，蘋果會在全球走向美中 G2 新格局時，做出什麼樣的選擇？為蘋果生產晶片的台積電與各類的配套公司都會同時受到衝擊；就在浦東、浦西被分區管控之際，特斯拉以「星鏈」（Starlink）支持烏克蘭的低軌衛星通訊，特斯拉在德國的工廠也剛剛開幕，但德國當地民眾上街抗議該工廠用掉太多的水源。在西方世界，特斯拉面對的只是 ESG 的問題，但在中國市場已占有一席之地的特斯拉，會如何回應美中關係惡化之後的經營環境呢？以特斯拉、蘋果供應鏈自豪的東亞公司，面對的

是一場可預見的變局，地緣政治的影響，甚至遠大於特定的技術創新與經營模式的變革。

在連網時代，所有的設備都需要高效運算（High Performance Computing, HPC）晶片的驅動，數據至上的新經濟，如果沒有儲存數據的記憶體，沒有高速運算的晶片，中國只是個肌肉發達、神經末梢反應遲鈍的巨人而已。美國擁有 Amazon、Google，中國也有阿里巴巴、騰訊、百度，擁有 14 億人口的中國若關起門來，在沒有美國網路巨擘的條件下，也可以經營出一個蓬勃發展的網路產業。然而半導體這種實體產業則大不相同，從最上游的矽智財（Silicon Intellectual Property, SIP）、電子設計自動化（Electronic design automation, EDA）設計工具，到材料設備缺一不可，難怪川普、拜登兩位美國總統都在美中交惡之後，刻意強調美國要重新掌握全球供應鏈，而半導體就成為兩方對陣的主戰場。新的世界格局下，在 1980 年代後開始成長茁壯的台韓半導體產業究竟是懷璧其罪，還是大家口中盛讚的護國神山呢？

2022 年，全球半導體市場規模可望突破 6,000 億美元，趨勢不變的話，也許在 2028 年前後，全球半導體市場就會突破 1 兆美元門檻。屆時台積電可能需要 10 萬名員工，聯發科、聯電也要倍增到 4 萬人，ASML 繼 2021 年大量徵才，2022 年再次在台灣公開招募上千名員工。在台北，Google、惠普（HP）、戴爾（Dell）

都有上千名員工，國資、外資爭搶人才，台灣頂尖大學的理工學生成為各方爭奪的稀有資源。但每個人都適合加入高強度的半導體產業嗎？黌宮學子在技術變遷之外，能否以更宏觀的視野，理解市場結構、國際分工與地緣政治對半導體產業的影響？或者，年輕人是否可以在進入職場之前，先期理解產業結構，以自己的「願景」、「專長」做出最好的選擇，並在這個充滿前途的行業裡燃燒美好的青春呢？

　　台灣的半導體業給了我們一次參與國際競合的機會，而我們又如何體驗站在舞台上，自己做主人的機會呢？「定義市場」成為張忠謀對台積電與台灣最大的貢獻，而定義市場的能力與眼界，來自於他經年累月的經驗與面對問題的智慧與勇氣。

　　獨立的思考與經營的創意至關重大。在第 4 次工業革命的浪潮中，從手機、電腦到電動車，從智慧製造到智慧醫療，半導體無所不在，高附加價值的半導體產業不僅貢獻台灣 GDP 超過 10%，被形容為台灣的護國群山也是十分貼切的。

　　然而，如果不是終日生活在半導體產業的氛圍，未能每日浸淫在科技業裡，社會學者要分辨產業與市場的差異都可能遇到障礙。市場需求面的記憶體與非記憶體之別，終端商機的電腦運算、通訊、工業、汽車、消費電子各有特色，而進入市場的通路，也有電子零件通路商與廠商直銷兩大類別，要深入堂奧，沒有好的框架與幾年功夫幾乎是不太可能。

　　為了生產出可以在終端市場銷售的半導體產品，從 IP/EDA 設計工具到 IC 設計、晶圓代工、封測，以及上游的材料設備，整個半導體工業的產值高達 8,943 億美元。這些來自美國、台灣、韓國、日本、中國、德國、荷蘭、印度等不同國家的產值，意味著半導體產業從製造端延伸過來的影響力，以及大家關心的地緣政治、國際關係，甚至未來在電動車／自駕車、人工智慧（AI）等新興領域的商機。

　　半導體產業是個菁英薈萃的行業，我們與業界的前輩們長年往來，深知這個行業的樂趣與挑戰，而 DIGITIMES 研究中心多人通曉英語、韓語、日語的優勢，讓我們在研究韓國、日本與台灣半導體產業的競合經驗上，更有機會探索在記憶體、邏輯晶片製造上執世界牛耳的台、韓兩國如何與他國互動。

　　本書的出版是 DIGITIMES 與國立陽明交通大學「高等教育資源研究中心」合作，籌劃一個半導體產業研究計畫並彙整成書，期望分享觀察半導體產業變化的多元角度與樂趣，藉此啟發青年人與從業人員，進而理解且更樂意參與這個高張力的行業。我們將從產業變遷、企業戰略、國家政策與地緣政治的影響等不同的構面，探索產業發展的轉折點，並嘗試為台灣科技產業的未來找出幾條可行的路徑。

　　這是一本以台灣半導體產業為核心，以多維度、客觀的角度鼓勵獨立思考，與國際社會共創價值的書籍，也提醒年輕的世代

必須承擔的社會責任，看清台灣生存的關鍵與國際社會責任是個
艱難卻充滿意義的挑戰。我們躬逢其盛，能以半導體業為槓桿，
站在制高點上理解世界，甚至參與世界的改變，這是我們這兩代
台灣人共同享有的價值與機會。

第一部 /

前世：半導體業的發展脈絡

第一章
半導體業的濫觴

1940 年代，二戰期間負責編譯德軍密碼的英國科學家亞倫·圖靈（Alan Turing），找到一套以機器運作的計算機制，被譽爲電腦科技的啓蒙者。「機器能思考嗎？」（Can Machines Think?）的議題，啓發人類藉助機器進行運算。之後，貝爾實驗室的夏克立（Shockley）等 3 人在 1947 年發明了電晶體，這種由閥門控制而用於放大、開關與穩壓的固態元件，成爲半導體行業的濫觴。

從基爾比到葛洛夫

1958 年時德州儀器（TI）的基爾比（Jack Kilby）與諾伊斯（Robert Norton Noyce）發明積體電路，這是將所有的電路設計在一顆晶片上的技術，更是現代科技的一大突破。1965 年，與諾伊斯一起創辦英特爾的高登·摩爾（Gordon Moore）提出「每 12 至 24 個月，半導體的效率提升一倍，成本會降低一半」的摩爾定律（Moore's law），這條定律不僅成爲過去半個世紀最成功的

預言，更是讓很多科技公司依循的隱性規範，跟隨制訂整套的研發與技術藍圖（Roadmap）。

半個世紀以來，半導體的技術突飛猛進。1971 年英特爾推出編號為 4004 的微處理器時，大家覺得這顆有 2,250 顆電晶體的 4 位元處理器，已經是個驚人的成就了。然而到了今日，英特爾以 7 奈米生產的微處理器已經有 217 億顆電晶體，而台積電以 5 奈米為蘋果代工的 A15 應用處理器有 150 億顆電晶體，聯發科委託台積電以 4 奈米製程生產的天璣 9000 應用處理器則有 155 億顆電晶體。

相較於半世紀前的產品與技術，半導體業一直以指數型成長的速度往前推進。就像摩爾定律所演繹的經驗，高成長的科技不會永遠存在，但我們可以盡可能地讓它延續（No Exponential is Forever, but We can Delay "Forever"）。更多的證據顯示，這個行業正從線性發展走向多元交錯的新時代，「矩陣型」的運作模式既有垂直深化的商機，也有水平多元應用的新領域值得開發，這些變化必然將為半導體業帶來我們目前難以想像的新商機。

1970 年代起，資訊科技（IT）披著電腦的外衣，結合半導體的運算、儲存數據的能力，在各種領域成為關鍵工具。個人電腦與半導體的組合，讓資訊科技成為「尖端科技」的代名詞，風起雲湧的電腦與半導體產業讓資訊科技的規模持續擴張，並在 1997 年時就達到 5,000 億美元營收的門檻。1990 年代掌握英特爾經營

大計的執行長葛洛夫（Andrew Stephen Grove）喊水會結凍，而台灣、韓國也躬逢其盛，成為整個電腦供應鏈中的要角。

　　被稱為「台灣 IC 設計業教父」的聯發科董事長蔡明介，在李國鼎逝世 20 週年的紀念大會上說：「我們高估了短期利益，低估了長期的效益」。1998 年成立的聯發科當時不被看好，但在 2021 年時的營收已經高達 176 億美元，不僅名列全球前五大 IC 設計公司，同時也是全球頂尖的手機應用處理器（AP）供應商。

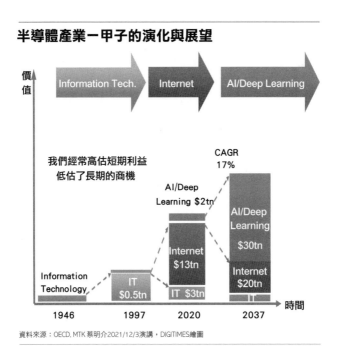

資料來源：OECD, MTK 蔡明介2021/12/3演講，DIGITIMES繪圖

　　蔡明介說，2020 年資訊科技的商機是 3 兆美元，但網際網路帶來的商機更高達 13 兆美元，我們可以想像人工智慧、機器學習在未來世界的各種應用，半導體科技在運算能力與數據儲存的功能，正是各種應用的基礎。一旦進入深度學習、人工智慧的各種應用時，15 年內資訊科技可望上看 60 兆美元的市場產值，這將給半導體帶來多少商機？蔡明介一再強調：「不要高估短期利益，低估長期的價值」。

從技術驅動到應用驅動的新時代

　　半導體產業延續著摩爾定律的技術規律往前邁進，企業在製程投資上掌握生產技術與進入市場的時機就可以瞄準商機。我們也相信高速運算的需求不會減少，只是會從最早的電腦驅動推進到行動通訊，再至人工智慧／物聯網（AIoT）的多元商機。市場的驅動力量將從由上而下（Top-down）的單向運作，轉換為矩陣交錯的多軌、多元模式。未來車、工控／國防，甚至消費電子都會有新的樣貌。商機探索看似複雜，但也有跡可循，比較不容易掌握的反倒是烏俄大戰、台海風雲，以及美中博奕帶來的地緣政治風險。

　　美國、台灣共構了全球最完整的半導體價值鏈，韓國在記憶體市場上呼風喚雨，但不甘窩居在記憶體的世界裡，正在積極搶攻晶圓代工的商機。美國推出《晶片法案》（Chips Act），準備

以 520 億美元的銀彈支持美國半導體產業，台積電、三星都發出希望能被公平對待的呼籲。2022 年 5 月下旬，拜登在被稱為「圍堵中國的亞洲行」首站去探訪剛剛當選韓國總統的尹錫悅，並在尹錫悅陪同下，參訪三星位於京畿道平澤的 3 奈米先進製程工廠。在拜登和尹錫悅兩位總統背書下，三星至少在國際政治的架構下，不會是個被忽略的角色。

日本全球 GDP 第三大國的地位岌岌可危，但過去的榮光與產業發展經驗並非百無一用，原生的車用／工業用半導體、記憶體技術、設備與材料保留在瑞薩（Renesas）、羅姆半導體（ROHM）、鎧俠（Kioxia），以及東京威力科創（Tokyo Electron Limited, TEL）與愛得萬（Advantest）這些公司中，在日韓關係惡化之後，激盪出進一步與台灣合作的契機。日本的實力不容忽視，美國也伸出橄欖枝，表達願意與日本合作研發 2 奈米的技術。

尹錫悅上任後，力圖改善與日美之間的關係，但韓國深陷過去已經布局的中韓關係與積習已久的日韓關係，要脫胎換骨並不容易，而牽制中國崛起的氛圍仍持續在韓國社會中發酵。另一方面，在印太關係上，台灣不在美國推動的印太經濟框架（Indo-Pacific Economic Framework, IPEF）第一波名單中，而是美國另行啟動與台灣的經濟合作會談。

國際社會或許期待台灣扮演抗中第一線的角色，但實際上台

灣卻常常是孤軍奮戰，必須以實力印證自己的存在價值。中國雖然還在美國、日本、韓國、台灣的半導體四強之外，美國為首的西方陣營似乎已經布好包圍圈，但中國市場與政府的企圖心，仍有機會拿到參與全球半導體產業頂尖賽局的「外卡」。

　　德國是歐盟的主力，也可望在 2030 年超越日本，成為全球 GDP 第四大國，但過去自豪的汽車工業正在轉型，德國能在不與亞洲供應鏈合作的前提下，繼續保有汽車產業的國際競爭優勢嗎？面對每年超過 500 億美元的電子產品逆差，印度不可能輕忽有「產業核武」之稱的半導體，在印度頻頻向台灣招手之際，東協的印尼、新加坡、馬來西亞、越南、泰國也不曾閒著，這個產業正在迎接有史以來最大的商機。在暗藏的各種變數中，「地緣政治」成為台灣最難預測，最脆弱的一環，也是最需要打破框架的政策創意。

　　產業的發展永遠存在不確定性，過去我們將心力放在技術變遷、生產製造與客戶關係上，現在世局的變化讓我們不得不透過產業結構的理解，掌握台灣在市場上的定位，並確認自己的價值主張。過去，台灣做為整個行業主流的追隨者並無太多的話語權，但今日我們半導體業的優勢條件，已經影響到整個國家的產業發展、總體經濟戰略，甚至在地緣政治的傾軋中，幸運地讓台灣保有一個比較有利的地位。

　　產業瞬息萬變，也許我們無法有一個萬無一失的政策，但帶

著靈魂工作的核心價值，卻是在多變的世局中最好的依靠。無論世局如何改變，我們都知道「半導體的明天會更好」！

從電晶體到積體電路

　　1950 至 1970 年代，半導體產業基本上是處在垂直整合的時代。無論是美國的德州儀器、Hughes、IBM、Motorola、通用儀器（General Instruments）、RCA，歐洲的飛利浦、西門子，或者日本的夏普、SEIKO，都是基於下游終端產品的需求，往上研發所需要的半導體，或生產半導體所需的材料設備。那是一條龍的時代，發展模式不是最完美、最有效率的模式，但蹲馬步累積而來的基本功，仍是今天美國、日本與歐洲先進國家在半導體領域非常有競爭力的礎石。

　　1970 至 1990 年代，則是終端系統產品與半導體分離的時代。英特爾、恩益禧（NEC）、東芝（Toshiba）、日立（Hitachi）的興起，不論是獨立半導體公司，或是大集團底下的半導體事業，莫不積極以自己的品牌銷售半導體，甚至訂定行業的標準。張忠謀在玉山科技協會 20 週年慶的晚宴上，拿出 1974 年他擔任德州儀器資深副總裁，主導半導體事業部時接受媒體採訪的資料，以「TI to continue cutting prices on TTL」為標題，暢談半個世紀前他為德州儀器操盤的核心策略。這時候的半導體大廠開始以品牌、產品的概念經營事業，半導體以獨立的元件面世，並與系統

產品分離的產業架構於焉形成。

　　創辦於 1987 年的台積電，依靠著個人電腦業的分工體系、台灣進口替代的需求，開始建立一個更綿密、專業的分工架構。台積電相信半導體公司難以支應愈來愈昂貴的設備、愈來愈精密的製程，而 IC 設計本身也有很多技術瓶頸需要克服。於是 IC 設計專注發展，專攻晶圓製造的晶圓代工廠也找到了足夠的經營空間，甚至可以拉抬下游封測廠的經營地位。

　　1990 至 2010 年走到專業分工的年代。從 2010 年代起，定義品牌與應用價值的蘋果，連同應用處理器一起發展，然後再將晶圓製造委託台積電、三星代工，在台積電與三星的競爭過程中，台積電以更先進的封測解決方案，取得一肩之差的優勢，通吃蘋果委託的訂單。這些善用 ARM（Advanced RISC Machine）架構的低耗電且與系統產品巧妙結合的解決方案，不僅風靡全球，甚至預告了過去微軟、英特爾與台灣共構的資訊科技時代將面臨結構性的改變。從 1985 年起，微軟的視窗、英特爾的微處理器，以及台灣的生產效率共構了個人電腦業將近 40 年的盛世，但我們隱約看見了新的時代來臨，以及一個與以往截然不同的產業結構。

　　根據英國《金融時報》報導，2021 年中，台積電有 25.9% 的營收來自蘋果，背後也有封測部門的貢獻。從台積電發布的新聞中可得知，台積電除了原有在桃園龍潭的封測廠之外，也在台灣獵地尋找興建封測服務為主的新廠。

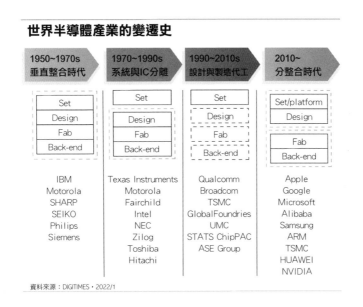

世界半導體產業的變遷史

1950~1970s 垂直整合時代	1970~1990s 系統與IC分離	1990~2010s 設計與製造代工	2010~ 分整合時代
Set	Set	Set	Set/platform
Design	Design	Design	Design
Fab	Fab	Fab	
Back-end	Back-end	Back-end	Fab
			Back-end
IBM	Texas Instruments	Qualcomm	Apple
Motorola	Motorola	Broadcom	Google
SHARP	Fairchild	TSMC	Microsoft
SEIKO	Intel	GlobalFoundries	Alibaba
Philips	NEC	UMC	Samsung
Siemens	Zilog	STATS ChipPAC	ARM
	Toshiba	ASE Group	TSMC
	Hitachi		HUAWEI
			NVIDIA

資料來源：DIGITIMES，2022/1

　　台積電與蘋果的合作模式，啓發了華爲（海思半導體爲集團
內 IC 設計公司）與台積電的合作關係。在美國啓動對華爲的制
裁措施之前，華爲甚至一度貢獻台積電 18% 的營收，主力也是用
在華爲手機上的麒麟系列微處理器。

　　現在無論是 Amazon、Meta、Google、特斯拉，甚至中國的
阿里巴巴、騰訊，在進入車聯網、自駕車與雲端服務商機時，各
種專屬於自家的晶片需求如雨後春筍般浮上檯面；而不同於記憶
體以標準取勝的產業特質，晶圓代工廠擅長的多元邏輯製程支持
的各類微處理器及協同加速器 IC，都成爲缺一不可的關鍵元件。
我們看到了半導體產業「分整合」的變化，也看到各種事業體演

化出不同的營運模式，而且各領風騷 20 年。

可預期 2030 年電動車全面普及，智慧醫療、生物科技與萬物連網的生態系進入成熟階段之後，半導體產業還會迎來新一波的需求。只是從創造數據、累積數據、解讀數據、控制數據到建構生態系的演化過程中，我們同時要面對這個高耗能，也是個讓社會菁英皓首窮經的產業。ESG 架構下的挑戰，與地緣政治、分散型生產體系形成的過程中，如何與社會福祉相唱和，對從事這個行業的每一個經理人，都是個嚴厲與神聖的挑戰。

第二章
產業的英雄群相

　　改變我們社會的，是一群具有遠見與勇氣的菁英，在各領風騷 20 年的半導體產業中，有幾位標竿型的人物，他們不僅動見觀瞻，同時也成為開創時代的英雄。

　　張忠謀多次在演講場合裡提到當年效力德州儀器，與在 1958 年發明積體電路的基爾比常有往來的機會。張忠謀從麻省理工學院畢業之後，先到半導體公司 Sylavnia 工作 3 年，這時貝爾實驗室才剛剛將電晶體技術授權廠商製造生產，張忠謀是最早接觸半導體的專家之一。他選擇了德州儀器做為第二個效力的地方，相較於波士頓，那時的德州是個鄉下地方，德州儀器在當時也不是個大公司。張忠謀說他躬逢其盛，就在基爾比發明積體電路的那幾年，他週末時常有機會跟基爾比一起討論產業議題。張忠謀深受器重，歷任德州儀器電晶體事業部總經理、積體電路事業部總經理，並在 1972 年升任集團副總裁，這是華裔人士在德州儀器最高階的主管。

　　張忠謀口中的基爾比是時代的英雄，帶動了時代的改變，而

摩爾也是個不該被遺忘的角色。摩爾的摩爾定律至今有效，足見當時的他看到的是一個可以行之久遠的鐵律。摩爾與諾伊斯、葛洛夫同創辦多年蟬聯全球第一大半導體公司的英特爾。只是創辦之初，諾伊斯與摩爾都無心經營日常業務，給了葛洛夫無以倫比的時代使命與機會。

英特爾的葛洛夫

對台灣人而言，除了之前提到的摩爾之外，效力台灣電腦業的朋友沒有人會忘記葛洛夫這號人物。1968 年，30 歲出頭的葛洛夫以第三號員工的身分，與積體電路的發明者諾伊斯、摩爾一起創辦英特爾。他不僅是英特爾第一個營運長，也是 1987 至 1998 年間個人電腦盛世時代的執行長，堪稱是個人電腦時代的開創者。在他主事的 12 年中，英特爾的市值從 43 億美元一路飆升到將近 2,000 億美元，他也被選為當代最具影響力的企業領導人。

1986 年，英特爾看好 IBM 相容電腦的發展潛力，推出標準架構的微處理器，讓台灣廠商得以在「公板」的體制下進行大量生產。搭配英特爾的 CPU 與微軟在 1985 年推出的視窗軟體，以及台灣廠商的量產能力，全球個人電腦產業隨之進入狂飆的時代，而微軟、英特爾與台灣合作的模式，被稱為 MIT（Microsoft、Intel and Taiwan）模式。在 1990 年代，台灣生產的主機板、筆電貢獻了全球超過 80% 的市場，全球有超過 80% 的筆電、主機板

生產線就落在汐止到新竹的高速公路兩旁。甚至在 1997 至 1998 年的亞洲金融風暴期間，台灣因為電腦產業的成就而安然渡過危機，甚至可以「台灣的天空看不見烏雲」來形容當時榮景。

　　1990 年初，英特爾在葛洛夫的領導下，推出「Intel Inside」的策略，徹底將其品牌價值從少數菁英消費者擴大到一般庶民大眾，也讓英特爾與個人電腦公司的價值在此階段達到高峰。

　　但在睥睨全球之際，英特爾於 1994 年推出的奔騰晶片（Pentium），被挑出每 90 億次的運算就會出現 1 次四捨五入的錯誤。起初葛洛夫堅稱這不是一個了不起的錯誤，但因為英特爾自以為是的工程師文化，讓這件事的負面效應不斷地擴散，讓英特爾損失不貲。

　　葛洛夫在《10 倍速時代》（Only the Paranoid Survive）這本書中描述了他面對問題的心態。書名若以中文直譯，應該是「只有偏執狂可以生存」，該書在 1990 年代後半暢銷全球，書中強調 90 億分之 1 的機率，讓英特爾損失了好幾億美元，以及組織內部需要建設性對抗（Constructive Confrontation）的觀點。葛洛夫與蘋果創辦人賈伯斯（Steven Paul Jobs）一樣的經典，同樣的深植人心。

葛洛夫之後，「誰是英雄」？

　　除了台灣的張忠謀之外，賈伯斯也是一名英雄，他不只是改

變、定義行動通訊產業的英雄,同時也是改變半導體產業結構,
訂定企業運作進程的傑出企業領導人。但在這個多元、多變的行
業英雄輩出,改變輝達(NVIDIA)的黃仁勳是英雄,改造超微
(AMD)的蘇姿丰也是英雄,而背後建構軟體設計工具/智財權
的新思科技(Synopsys)、ARM(ARM Holdings plc.,軟銀集團
旗下的半導體設計與軟體公司)的創辦人也都是英雄,我們知道
黃仁勳、蘇姿丰都出生於台灣,新思科技的共同執行長陳志寬也
出生於台北大稻埕。

　　相較於西方世界常以誰發明積體電路,或定義遊戲規則,而
稱他們為英雄;但新興的亞洲國家,更需要在時代轉折中帶領社
會奮起的英雄,他們帶動產業與影響社會的模式,與西方國家的
產業英雄大不相同。

　　韓國三星的李健熙在 1983 年以集團接班人的姿態,決定挑
戰當初被美日大廠壟斷的記憶體商機。那時,所有的人都嗤之以
鼻,沒有人認為人均所得不到 2,000 美元的韓國人,夠資格對記
憶體產業說三道四,那是「日本第一」、「雁行理論」引導全世
界的時代。但是若沒有勇於挑戰不可能的英雄,就不會有今日記
憶體市占率第一名的三星。

　　1986 年,美日簽訂半導體協定,市場秩序被背後那隻看不見
的手所扭轉,加上新興的個人電腦需求,DRAM 價格爆棚、市場
短缺,也讓三星與現代電子掌握了成長的契機。至今為止,韓國

的三星與不久之前買下英特爾 NAND 快閃記憶體部門的 SK 海力士（前身是現代電子），仍然高居全球第一、第二大記憶體大廠的領先地位。

在台灣，1970 年代歷經經濟部長、財政部長，並在 1980 年代續任科技政委的李國鼎也是一個特例。除了承接孫運璿擔任行政院長時代所留下來的半導體產業戰略之外，從幾件李國鼎不為人知的小故事中，也可以知道那個時代的氛圍與政策價值。

1976 年，當時在神通集團擔任銷售經理，代理英特爾微處理器業務的邰中和，想將微處理器推銷給施振榮。施振榮認為微處理器大有可為，因此說服邰中和一起創業，這也是宏碁集團的起源。至於神通電腦為何會代理英特爾的微處理器，與神通集團董事長苗豐強曾在英特爾總部擔任過工程師的背景息息相關。

一連串的機緣，讓台灣在 1970 年代中期有了個人電腦產業萌芽的契機。神通與宏碁集團在 1980 年代初期以「小教授」、「小神通」等個人電腦的品牌在國內市場銷售，當時也有一些電腦公司透過 DIY 組裝的模式在市場上銷售電腦，但都面臨專利授權的問題。當時擔任行政院科技顧問的 IBM 資深副總裁艾凡思（Bob Evans）跟李國鼎建議，可以利用 IBM 的架構，支付一點適當的專利費，就可以合法地生產個人電腦，而 IBM 相容電腦之名就是這樣出現的。

這位來自 IBM 的行政院顧問，除了幫台灣解決電腦的專利

問題之外，資策會產業情報研究所（MIC）的點子也是他建議的。艾凡思說台灣中小企業多，蒐集產業資料不專業，而且政府官員對於政策規劃缺乏足夠的經驗與知識，因此建議可以成立一個任務小組（Task force）專責台灣科技產業的戰略規劃。而李國鼎就是支持這個計畫最重要的政府官員，這些都是李國鼎親口透露的產業軼事。

由於有了李國鼎這樣勇於任事的官員，施振榮、苗豐強碰到經營難題也會請教李國鼎；張忠謀會返台效力、RCA 計畫的成員在工研院實驗生產線之後會有台積電計畫，都與李國鼎的積極支持關係密切。轉眼間，人稱 K.T.，在 2002 年逝世的李國鼎已經離開他呵護的資訊電子工業 20 年了。典範在夙昔，那麼新的時代我們需要什麼樣的英雄？

新時代背景下需要新「願景」，也需要可以在關鍵時刻投資與做出決定的智慧，新世代的英雄要有面對破壞性創新的眼界與解決難題的勇氣！

第二部 /

今生：全球半導體業的現況

第一章
全球半導體產業的產銷結構

　　半導體是個高度分工的產業，但專注於特定分工流程的人很容易出現瞎子摸象、以偏概全的偏頗。如何結構化的理解高度分工的半導體迷宮，是在分析半導體與地緣政治關係時必須跨越的課題。

高度分工的半導體業

　　半導體產業化始於 1950 年代，最早期發展產業的國家或企業集團，從最終產品（如電腦）的設計、生產到晶圓製造、封裝測試，甚至連設備、材料都要拉幫結派做到垂直整合，IBM、西門子、飛利浦、夏普這些早期發展半導體的公司無一例外。1970 年代開始，在德州儀器漸成氣候，飛捷（Fairchild）、英特爾都以半導體專業公司的面貌出現，而 NEC、Motorola、東芝、日立也都有專屬的半導體事業部，半導體產業進入終端系統產品與半導體分離的新時代。

　　經過大約 20 年的醞釀與發展之後，1984 年成立的 Chips &

Technologies，成為全球第一家 IC 設計公司，從 1990 年代開始，
IC 設計產業蓬勃發展，高通（Qualcomm，1985 年成立）、博通
（Broadcom，1991 年成立）、輝達（NVIDIA，1993 年成立）
這些公司趁勢而起。而台灣第一家 IC 設計公司是在 1983 年成立
的太欣半導體，另 1987 年有威盛、矽統、揚智（1993 年自宏碁
spin-off）瑞昱等知名 IC 設計公司創立，可說是第一波創業的亮
點年分。

　　這一段時間，台積電看準 IC 設計業無力自籌工廠的投資與
運作，專業的晶圓代工廠開始進入半導體業的版圖，其後 1995
年聯電放棄自有品牌，轉型晶圓代工，結合 11 家 IC 設計公司客
戶合資成立聯誠、聯瑞、聯嘉迅速成長，而台積電、聯電也開始
被稱為「晶圓代工雙雄」。

　　除了專攻晶圓製造的前端工廠之外，後端以封裝測試為主業
的半導體業者，也逐漸擺脫勞力密集的階段，開始著手更先進的
封測技術。台灣的封測大廠如日月光、矽品、華泰都在這個階段
轉型崛起，也奠定今日台灣封測產業占有全球將近六成的基礎。

　　這 20 年是全球化的時代，半導體產業也高度分工、自成格
局，這段時間百花齊放、百家爭鳴，是發展半導體產業的最佳時
機。台灣躬逢其盛，不僅產業結構符合行業的需要，從個人電腦
到半導體產業的需求非常完整，中國也還在來料加工的階段，唯
一同等級的對手是韓國，但不同的是韓國集中全力發展標準型

的記憶體，並以全球第一做爲產業發展的戰略目標；台灣則是百花齊放，搭上個人電腦的大潮，半導體進口替代的需求，加上透過上市募集資本，台灣的半導體產業在這個階段奠定基礎，並在 2009 年世界金融海嘯與智慧型手機帶來多元的新商機之後，成爲全球矚目的焦點。這個階段可以說是眞正形成專業分工的時代。

2010 年之後，智慧型手機以及之後延續發展的物聯網商機，讓市場的需求多元變化，甚至在 2018 年美中出現齟齬之後，分散型的生產體系醞釀成形，我們對於根據特定企業或在地需求形成的商機必須有新的理解。網路巨擘、在地大廠主導的新產品將會出現，終端系統與 IC 設計之間的整合是大勢所趨。爲了加速、更有效率的整合，晶圓製造業者結合封測的技術整合也是必然的趨勢。

多元分工體系，無人可以壟斷

未來，將是個分整合的新時代，競合並存將是產業的新常態。2022 年早春，在烏俄大戰的隆隆砲聲中，美國前參謀首長聯席會議主席穆倫（Michael Mullen）帶領的代表團與前國務卿龐佩奧（Michael Pompeo）接連訪問台灣，從台灣退出聯合國的半個世紀以來，從未受到如此高規格的重視，不少人認爲這與台灣的護國群山有關！

產業界的半導體猶如國際政治現實中的核武器，如果不是擁

有大量的核武，GDP 總量低於韓國的俄羅斯怎有實力入侵烏克蘭，甚至威脅西方國家不得畫出禁航區？

現在全球半導體業的產能有 82% 來自美國、台灣、韓國與日本，全球半導體產品也許有不同品牌、廠商的經營，但卻有六成賣到中國，這也與 2021 年台韓出口的半導體都有 60% 賣到中國市場的數據相呼應。

然而，想從供應鏈的角度觀察產業，不能只從晶圓製造的結構一以貫之，我們得知道整個供應鏈上游的電子設計自動化（Electronic design automation, EDA）、矽智財、材料設備以及後端的封裝測試，甚至零件通路業；如果從市場端觀察，那麼還得理解是哪些 IC 品牌原廠將產品送到終端市場上。品牌原廠又分成整合元件製造廠、IC 設計，也就是常被稱為無晶圓廠的 Fabless 公司。更進一步說，參與供應鏈與市場角逐的不只有美國、台灣的業者，韓國、日本、歐洲的大廠都非常活躍，新興的中國也不甘屈居人後，彼此之間的競合關係，也因為市場的銷售商機，而有很多不同的觀察面向。

基本上，我們觀察半導體產業時可以將整個產業分成市場端與供給端兩個不同的面向。知名的 IDM 廠有英特爾、美光（Micron）、德州儀器、英飛凌（Infineon）、意法半導體（STM）、鎧俠、瑞薩、三星、SK 海力士，在台灣則有華邦、旺宏、南亞等幾家製造廠。IC 設計業者有高通、輝達、博通、超微，以及台

灣的聯發科、聯詠、瑞昱等。根據美國半導體產業協會（SIA）
的估計，2021 年全球 IDM 與 IC 設計公司加總的營收為 5,559 億
美元，這也是 2021 年全球半導體市場的規模。

　　從產業產值的角度觀察，生產這些產品的過程事實上相當
的冗長且專業。一般而言，設計公司與整合元件製造廠從產品發
想開始，就會尋找 EDA 設計工具與矽智財／設計服務（Design
Service）公司的支援，多數產品的設計公司並不會從頭到尾由自
家的設計部門完成，透過外界的工具，甚至設計服務的協助，不
僅可降低成本，也可加速產品的設計流程。上游的設計工具與矽

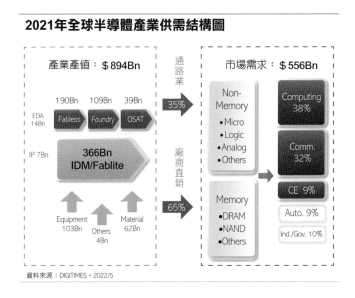

2021年全球半導體產業供需結構圖

資料來源：DIGITIMES，2022/5

智財／設計服務業者分別有 140 億美元與 70 億美元的產值。

完成產品設計工作後，還要與晶圓代工廠進行生產流程的確認，代工廠本身的智財權、經驗，常常也是設計公司與品牌廠降低風險非常重要的依靠。目前全球晶圓代工市場剛剛突破 1,000 億美元，達到 1,091 億美元，其中台系大廠的比重最高。

完成晶圓製造的過程之後，會送到封裝測試廠，而這個流程的產值也有 397 億美元的商機，台商占有一半以上的市場。近幾年中國業者透過購併的手段，成為僅次於台灣的第二大勢力。基本上，每個領域各自分工，也很難一貫作業，想要一家廠商、甚至一個國家整合所有的生產流程，幾乎是不可能的任務。以台積電到美國亞利桑那設置的新廠為例，儘管計畫導入的是 5 奈米製程，但最尖端的封測流程，也得再將晶片送回台灣，這也是中國想獨自建構半導體工業時的最大挑戰。

從供應鏈觀察世界半導體工業

為了創造出價值 5,559 億美元的半導體市場，背後不同流程組成的產業分工體系共創造出年營收 8,943 億美元的供應鏈。在主要的國家中，仍以美國最具實力，以英特爾、美光、德州儀器為首的美國 IDM 大廠，以及高通、輝達、超微等 IC 設計業者共創造出超過 2,739 億美元的市場值，如果以市場影響力而言，美系廠商是 49.3%，應用材料（Applied Materials）、科林研發（Lam

Research）、科磊（KLA）、泰瑞達（Teradyne）等設備廠，以及提供矽智財與設計工具的業者如新思、益華（Cadence）也都是美系的大廠，美系業者創造的供應鏈產值是 3,595 億美元，是整個產業產值的 40.1%。

　　緊追美國之後的，是近年來備受矚目的台灣。台灣以晶圓代工、封測、IC 設計業見長，2021 年中，包括 IC 設計業者的營收爲 448 億美元，是全球比重的 24%，而晶圓代工業的營收爲 710 億美元，更在全球產業中占有 65% 的比重。除此之外，台灣的 IC 封裝測試業也有 207 億美元的營收，是全球的 53%，這幾個產業都在全球供應鏈中不可或缺。此外，台灣也有成功的 IDM 廠商（華邦、南亞、旺宏），近幾年台積電等業者更積極扶持本土的設備材料廠，產業規模、品質都明顯提升。2021 年台灣的產業產值爲 1,544 億美元，是全球的 17.2%，也是全球半導體供應鏈中的第二大國。

　　除了美國、台灣在全球半導體供應鏈中合計占有近六成，韓國、日本、歐洲也有不錯的半導體供應鏈，新興的中國更是將半導體列爲策略性的工業。韓國以記憶體產業見長，產值爲 1,050 億美元，加上晶圓代工的 201 億美元，兩者合計 1,251 億美元，這已經是整個韓國半導體產業產值的 95%。韓國沒有像台灣一樣蓬勃發展的 IC 設計與封測產業，半導體產業產值爲 1,325 億美元，在全球供應鏈中的地位是 14.8%。日本、歐洲都是以 IDM 大廠見

長，特別是與汽車工業相關的半導體業。現在正值傳統汽車走向電動車、自駕車的新時代，日本、歐洲業者是自主研發、生產，還是結合台灣、韓國、美國的廠商走出新的格局，是全球矚目的焦點。日本與歐洲的半導體產業產值都是將近900億美元的規模，在全球半導體供應鏈中的比重都接近10%。

　　以上這些國家發展半導體產業的脈絡十分明確，而中國在世紀交替之際才真正啓動半導體的發展計畫，2013年半導體進口金額超過石油，則讓中國領導階層膽戰心驚。他們深知少了半導體，在先進科技的發展上將被「卡脖子」，目前中國半導體業的產值是627億美元，占全球比重7.0%，針對中國的部分，我們將以專章說明。

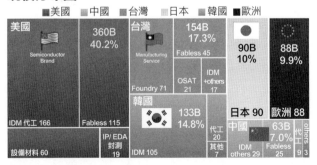

資料來源：DIGITIMES Research，2022/5

半導體業的產業特色

毫無疑問地，半導體產業是國家級的戰略性產業，具有資本密集、技術密集等特色，社會結構、人民素質、資本條件、教育體系缺一不可，我們甚至可以用「菁英產業」來形容半導體工業，能名列前茅的半導體公司不太有機會來自 21 世紀之後才關注半導體發展的新興國家。

根據 DIGITIMES 的整理，2021 年十大半導體公司有 6 家來自美國，其餘則分別來自韓國的三星、SK 海力士、台灣的台積電，以及來自荷蘭的半導體設備廠 ASML。這 10 家公司合計的營收是 4,001 億美元，是整個行業總產值的 45%，而這十大公司在 2021 年底時的市值加總也高達 2.22 兆美元，這個數字大致相等於台灣與韓國合計的 GDP 總量，可見半導體深受重視，也極具前瞻性。台灣從無到有，過去 50 年的產業發展經驗都在我們眼前演化，台灣半導體產業的發展過程，不僅可以對照全球產業的發展路徑，同時也是一本獨一無二的經典教材。

1974 年，在美國無線電公司（Radio Cooperation of America, RCA）研究室擔任主任的潘文淵從美國返台，建議政府從 RCA 引進 CMOS 技術，政府敲定由工研院電子所籌組取經團隊前往美國受訓。當年只有 34 歲的胡定華所長奉命領導團隊赴美學習，這個包括史欽泰、曹興誠、曾繁城、楊丁元、陳碧灣、蔡明介、王國肇、邱羅火等 19 名成員的菁英團隊，不僅成功從美國帶回

技術概念與產業發展模式，後來分別投入晶圓製造、光罩、IC 設
計等不同領域，也都成為台灣發展半導體最重要的創業家與研究
計畫領導者。

　　1974 至 1987 年台積電成立之前，台灣還在摸索產業的發展
路徑，除了已經在 1980 年成立的聯電之外，還有幾家嘗試在半
導體領域找到切入點的公司。台積電採取台灣自創的晶圓代工模
式，目標市場專注在無力自籌晶圓製造廠的 IC 設計公司上，張
忠謀相信 IC 設計公司一方面會顧慮委託 IDM 生產時對方的中立
性，一方面也缺乏足夠的資金、製程技術發展製造領域的專長，
而台灣人過去在製造業的經驗，已經驗證了新的可行性。在政府
主導，張忠謀領導有方，加上聯電良性競爭的大格局下，台灣的
半導體業在 IC 設計與晶圓製造兩大領域進入快速成長的模式。

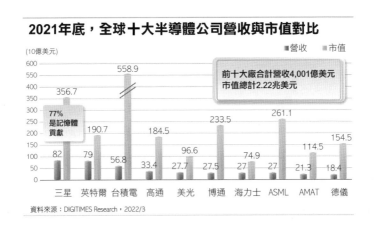

2021年底，全球十大半導體公司營收與市值對比

資料來源：DIGITIMES Research，2022/3

　　這個階段的晶圓製造廠開始透過研發計畫的投入，嘗試開發更多元的服務機制，特別是 1997 年的亞洲金融風暴之後，台積電加碼投資各種製程的研發，技術整合的能力愈來愈強，台積電服務客戶的面向與深度也得到大幅的提升。

　　張忠謀最令人讚賞的決斷力與他精確掌握整個行業脈動的特質息息相關。看準 2000 年前後業界謹慎保守的心態，張忠謀選擇擴大研發團隊，力求在技術能力上超越競爭者，而 2009 年開始的 12 吋廠與之後的 28 奈米投資計畫，更成為有史以來最賺錢的技術節點。在這個階段，半導體設計業從 0.13 微米進化到 65 奈米、45 奈米與 28 奈米的新階段。

　　台灣半導體產業協會指出，在 0.13 微米到 65 奈米的階段，一顆 IC 的設計成本從 1,200 萬美元暴增到 4,800 萬美元，到了 45 奈米時更增加到 7,000 萬美元。對 IC 設計公司而言，找台灣的晶圓代工廠代工不會有商業競爭的問題，也可以避開高資本投資的晶圓製造工作。這個階段的台灣，晶圓製造、封測事業穩定發展，IC 設計業針對驅動 IC、光碟驅動 IC、電源管理 IC 等相對容易的領域先做到進口替代，然後發展到更高階的晶片設計產品。

　　2000 年以後，手機漸漸成為個人重要的通訊工具，高通、博通、聯發科等公司開始在行動通訊領域找到許多商機，但手機真正成為雙向的通訊工具是在 2007 年 iPhone 出現之後。1998 至 2008 年間，基本上是產業內化能力的時代，2008 年金融海嘯期

間，台灣的 IC 設計業走入新的低潮，不僅聯發科連續 3 年獲利走低，中國 IC 設計產業的崛起，也給台灣帶來很大的壓力。

但電子業迷人之處在於其峰迴路轉的行業特性，新的科技創新與整合，必然擠出新的市場商機，有些是利基型商機，但也有些是海闊天空，看不見盡頭的新商機。

在 iPhone 問世後，蘋果手機幾乎獨占市場的利潤，iPhone 的 A 系列處理器，基本上都是與台積電最先進的製程合作，也讓在 2009 年之後危機入市、大幅擴張產能的台積電獲利豐厚。2015 年以後，產業走向多元，中國網路巨擘與手機大廠在全球的影響力驟增，但在半導體製程能力上仍落後全球主流，更遑論擁有最先進製程的台積電。積極布局自主晶片的華為，一度是貢獻台積電營收將近兩成的大客戶，而看好未來的人工智慧晶片、車用晶片，中國 IC 設計業者也信心滿滿，甚至認為只要假以時日，中國從 IC 設計到晶圓製造都可以彎道超車，成為世界半導體產業的另一個主流勢力。

在這個階段已經引領全球晶圓代工市場的台灣公司，特別是台積電，在經營定位與宏觀戰略上，對全世界都有非常可觀的影響，關鍵在於台積電「梭哈」全球半導體製造業的霸氣。從 2015 年以後，台積電的資本支出占營收比重一路提高，從三成、四成增加到五成以上的規模，如果我們考量台積電全球市占率過半，高階製程甚至囊括九成的影響力，還拿出營收的五成以上進行後

續投資，這樣的競爭戰略不僅讓競爭者看不見車尾燈，想要後來居上，絕對需要有更多條件的配合，自然可以如張忠謀所言，其他競爭者至少需時 10 年、20 年才有機會挑戰台積電的霸業。

面對 2022 年以後的新時代，我們可以預知分散型生產體系即將形成，而垂直與水平並存的多元商機也提供更多的思考空間與產業布局的機會。往垂直深化的方向發展，要兼顧設計工具、材料設備，甚至記憶體內運算、量子技術的深耕，在各國與大廠都難包攬全局的現實限制下，跨國的合作、人才的交流將成為關鍵的議題。如何適當開放邊界、借助各國的人才，都將是下一個階段台灣產業重心轉移時非常重要的策略思考。

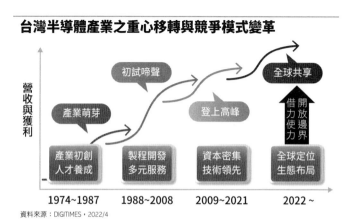

台灣半導體產業之重心移轉與競爭模式變革

資料來源：DIGITIMES，2022/4

第二章
從品牌市場端觀察

全球半導體市場總額可望在 2022 年超越 6,000 億美元，其中電腦運算與通訊兩大產業貢獻七成，其餘三成則來自消費電子、工控電腦與汽車產業的貢獻。在以資訊科技為主要市場的半導體與零件需求時代，基本上是個容易預測的市場環境，每一台個人電腦有多少半導體的需求，不僅容易估算，且超過 80% 的筆電、主機板都在汐止到新竹的高速公路兩旁生產，這裡與桃園機場連線，成為全世界最有效率的供應鏈。在那個階段，比較多的商機來自進口替代，只要做得出來的產品大致上都可以找到商機，但記憶體仍是台灣相對不足的領域，市場價格起伏時，台商並沒有太大的話語權。

2001 年，海峽兩岸幾乎同時加入世界貿易組織，筆電等量產的生產機制往中國移動，中國趁勢而起，台灣的電腦工業不僅成為中國發展新世代電子業的基礎，甚至連結了 2000 年以後逐漸蓬勃發展的手機產業與網路產業。

阿里巴巴、騰訊、百度等中國網路巨擘也是深具實力的新世

代科技業者，在 2018 年以前，對半導體有龐大需求的大致來自兩個系統：一開始是以承接跨國企業 OEM 訂單為主的台灣電子大廠；2008 年以後，中國本土市場漸具規模，從波導、熊貓等地方型企業，到華為、OPPO、vivo 與小米的崛起，中國在地市場與產業的需求才真正變成主力。這個階段的中國，進口的 IC 激增，半導體的進口值不僅在 2014 年超越石油，甚至在 2021 年超過 4,300 億美元。

供需平衡的時代飄然遠去

2000 至 2018 年間，全球科技產業從電腦、手機一路延續，但都是大廠主導，由上而下的供應鏈結構，只要掌握大廠的訂單，無論是「蘋概股」、「星空聯盟」，或者是以惠普、戴爾與台灣雙 A 為主，只要滿足了核心客戶的需求，基本上就可以做到供需平衡。這一段時間是傳統量產製造業的最後一代，是供需平衡的黃金時代，但這個時代正因新的變數而飄然遠去！

令人心驚的是，因為中美對立引發貿易制裁，中國企業大量訂製各種零件，在此同時 COVID-19 疫情大爆發，致使供需失調之外，「超量下單」（Overbooking）更成為常態，加上車用半導體因為電動車的需求激增，傳統製程缺乏足夠的投資因素，半導體產業迎來了一次的大循環，擁有產能與庫存的企業都因此獲利豐厚，只是沒有人知道半導體供應何時能恢復常態。

時代的變革與對供應鏈的衝擊

	COVID-19	＊ 過多的資金，追逐有限人才與商品
2000~2020 供需平衡的美好時代飄然遠去	中美大戰與科技民族主義	＊ 跨國投資減少、在地價值崛起
	物聯網、未來車	＊ 虛實整合、軟硬通吃、跨界商機
		＊ 節能減碳、勞工、ESG 的新挑戰
	多元交錯的新創科技	＊ 運籌體系的轉型契機與挑戰

　　科技的發展確實帶來了更好的效率，軟硬整合漸趨成熟，也讓世界有了不同的樣貌，我們一方面在面對零件倉儲的大問題，二方面也因為智慧製造、智慧運籌、智慧倉儲，讓我們對未來的世界充滿了美好的想像。

　　從疫情初起的 2020 年春季開始，主要國家為了平緩疫情的衝擊，挹注了 17 兆美元的資金，這筆接近中國 GDP 總額的補貼，造成全球資金寬鬆，也導致蘋果、Google、Amazon、微軟、Meta、特斯拉等巨擘都因大規模的資金潮而更加茁壯。但聯準會等各國金融機構現正收斂過於寬鬆的資金，而烏俄大戰帶來的美元強勢，各國資金走跌的大趨勢下，企業界所面對的問題，在通膨嚴重的 2022 年之後將會是嚴厲的考驗。

　　2021 年，因為疫情、運輸系統的調度，帶來塞港、空運價格暴漲等連動的問題，大家在節能減碳聲中，又希望做到所得分配、

勞工福祉與溫室效應的控制。人類的慾望在科技的背景下有了更多的想像力，人類因為夢想而偉大的論述，在網路時代重新獲得詮釋。

全球半導體市場究竟是誰家天下？

　　半導體是個高度分工，又經歷過 60 多年快速演化的歷史，加上在全球資本市場中也是關鍵的組成，從政治、經濟的角度看，都是個非常複雜的議題。從市場面來分析，我們可以看到與產業產值非常不同的觀察構面。美系的品牌大廠，包括英特爾、美光、德儀、高通、輝達、超微等大廠貢獻了 3,595 億美元的營收，讓美系企業仍然是全球市場上最具影響力的業者，這些廠商除了美光之外，幾乎都以邏輯運算晶片為主力，更是全球市場的主導者。在市場端，美系企業占了全球 49.3% 的比重。

　　半導體市場大致可分為記憶體與非記憶體兩大類，記憶體通常貢獻全球半導體市場的 35% 上下，其餘多是微元件與邏輯晶片這兩類非記憶體的半導體產品。記憶體領域除了美國的美光、日本的鎧俠之外，基本上是韓國三星與 SK 海力士的天下，市場的市占率為 19.2%。

　　記憶體市場雖然也有大循環，但買主會依據價格調整搭載的記憶體容量，這與邏輯晶片、控制晶片缺一不可，且多元性的產業特質不同。韓國雖然主導記憶體產業，但努力強化邏輯晶片、

晶圓代工為主的晶圓製造與 IC 設計業，希望能藉此平衡過度偏重記憶體的產業失衡現象。

台灣除了在生產製造上獨步全球，在「輕資產，高回收」的 IC 設計領域也有亮麗的成績。1990 年代，台灣的 IC 設計公司在進口替代的需求下，以個人電腦的晶片組、電源管理、驅動 IC 等產品開始起步，成立於 1998 年的聯發科挑戰更高難度的殿堂。以 IC 設計公司為主，加上華邦、旺宏、南亞這些 IDM 廠商，台灣品牌在市場上的銷售金額也達到 448 億美元，在全球市場上有 9.7% 的市占率，排名全球第三。

歐系大廠也在市場上擁有 8.5% 的影響力，意法半導體、恩智浦（NXP）、英飛凌都是其中的佼佼者，面對未來的商機，車用晶片將是戰略目標，過去幾年歐系大廠較少擴張產能的動作，未來將會堅持歐洲路線？還是傳言邀請台積電到歐洲設廠與這些廠商合作？都是值得大家關切的議題。一旦成局，半導體的分散型生產體系也將具體化，過去以亞洲為核心的生產製造架構，將會走向更為在地化、多元化的機制。

曾經在 1980、1990 年代風光一時的日系廠商，現在仰賴鎧俠、SONY、瑞薩與羅姆等共創出 367 億美元的營收，市占率剩下 6.6%。日本能捲土重來嗎？台積電與 SONY 及日本電裝（Denso）合資的熊本晶圓廠是第一步，而與韓國交惡的關係也有利於日台之間更進一步的合作。產業界之間的競合關係，從這

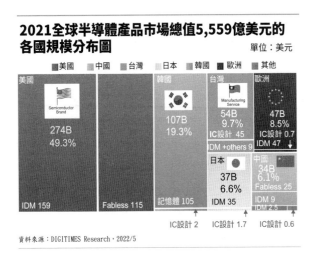

資料來源：DIGITIMES Research，2022/5

些統計調查數據中，也可以知道一二。

　　最受關注的新興力量無疑是中國。由於過半的電子產品都在中國生產，因此中國市場的需求占了全球 60%，但中國的半導體業起步較晚，近幾年在大基金等政府機制的支持下也有不錯的成長，但洋洋灑灑的 IC 設計業名單，其實多數都在市場上沒有具體的影響力，我們估計真正進入委外量產、實體銷售的半導體設計業者營收是 250 億美元，加上 90 億美元的 IDM 營收，中國排在日本之後，是排名第六的半導體產品供應國，全球市占率 6.1%，這個數字也與中芯國際總裁趙海軍形容的中國晶片自給能力相近。

　　一、IDM 大廠

　　在數據經濟的大潮下，全球數據的總量將從 2022 年的 97

2021年各國半導體產業鏈營收估計　單位：億美元

	美國	台灣	韓國	歐洲	日本	中國	others	Total
IC設計	1,150	448	21	7	17	250	6	1,899
IDM	1,589	91	1,050	465	350	90	25	3,660
全球半導體市場	2,739	539	1,071	472	367	340	31	5,559
晶圓代工	66	710	201	7	0	89	18	1,091
OSAT	61	207	13	0	3	91	15	390
EDA/IP/ Design Service	124	15	0	56	4	2	5	206
Equip./ Materials	605	73	40	347	527	105	0	1,697
全球產業產值	3,595	1,544	1,325	882	901	627	69	8,943

資料來源：DIGITIMES Research，2022/5

ZB，增加到 2025 年的 181 ZB。疫情爆發時，人們習慣在家工作，數據總量大增的背景將會延伸到後疫情時代，無論是高效運算或者儲存更多的資料，或是透過寬頻與無線網路傳輸，無所不在的數據分析及應用將深刻影響我們每一個人及企業營運的日常。半導體是數據經濟發展的關鍵基礎，未來的半導體仍是個極具高成長潛力的產業區隔，也帶動了這兩年半導體製造大廠資本支出大幅成長的契機。

美系的整合元件製造大廠，以英特爾、美光、德州儀器最具盛名。英特爾在 2021 年的營收高達 790 億美元，美光 277 億美元，而德州儀器也有 184 億美元，他們都是全球前十大的半導體業者。

美光專注記憶體，主要的競爭對手是韓系的兩家記憶體大廠，而德儀的產品多元，從功率半導體到數位信號處理（DSP）、電源管理等類比 IC，產品多元也是老牌半導體公司的優勢之一。

　　過去的美系大廠多數從電腦運算的市場延伸到通訊，再進而大舉進軍物聯網、人工智慧與未來車的商機。英特爾以電腦微處理器聞名，曾積極布局智慧型手機晶片市場，卻鎩羽而歸。

　　近幾年蓬勃發展的數據中心，背後有龐大的晶片商機。伺服器的微處理器晶片仍由英特爾領先，但英特爾在面對輝達、超微等 IC 設計公司結合台積電，在先進製程上可能後來居上的強大壓力，一方面爭取晶圓代工商機，一方面也將自己無法提供良率的先進製程委託台積電生產。除此之外，英特爾也透過購併的手段，買下以色列設計公司 Mobileye 及晶圓廠 Tower Jazz，布局未來車與利基應用的商機。

　　我們都明白，汽車將會是掛著輪子的行動電腦，一旦汽車產業從傳統產業走向電動車，使用半導體的零件數與金額都將水漲船高，也因為半導體零件的大量使用，組裝一輛汽車的零件總數將會從 3 萬顆零件大約減少 37%，這也意味著汽車生產成本快速下滑的可能性。隨著技術架構軟硬分離的趨勢，半導體與軟體進一步平台化而逐漸標準化，帶動電動車、自駕車與車聯網各種可能的應用推陳出新、百花齊放，車用半導體將會是未來幾年備受矚目的關鍵領域。

韓國的兩家半導體大廠，基本上都是專注在記憶體的 IDM 體質，SK 海力士有 8 吋廠專攻晶圓代工，但產能有限，2022 年初購買英特爾的快閃記憶體部門之後，成為僅次於三星的第二大記憶體廠商，生產自有品牌的記憶體才是本業。至於三星，2021 年的總營收為 820 億美元，非記憶體業務為 201 億美元，其中約 37% 為內部交易的晶圓代工業務，而記憶體的比重占了整個集團半導體營收的 77%。

除了美系、韓系企業之外，歐、日的 IDM 大廠中以恩智浦、意法、英飛凌、瑞薩最具盛名，這些廠商多年前便已布局車用半導體的商機。業內人士都知道，歐洲、日本的汽車強調細膩的駕駛體驗，在過往電動車發展的過程中，大致能掌握微控制器、功率元件等零件的需求，但在生產上卻是愈來愈倚賴晶圓代工廠。

一般而言，全球半導體的市場有將近 10% 來自車用半導體的貢獻，但在車用半導體前 6 家廠商營收中，車用半導體占該公司營收的比重都遠遠超過業界的平均值。歐洲的恩智浦比重高達 44%，日本的瑞薩是 36%，意法半導體也有 33% 的比重，顯示這些傳統 IDM 大廠都基於地利之便與各國的車廠長期合作。由於汽車安全性上的考量，半導體或其他零件要進入汽車供應鏈，須面對長時間的品質與安全認證，因此很多車用半導體是以成熟製程滿足車廠的需要。多數業者一方面顧慮成熟製程的長期需求並不明確，加上汽車正往電動車邁進，市場需求的結構也在改變，在

車用半導體廠備料不足的情況下，車用半導體就出現嚴重的長短料現象，由於大廠因應不及，也殃及台系的晶圓代工廠。

以德州儀器為例，該公司的營業額持續上揚，但從庫存比重可知備料不足的現象十分明顯。這樣的現象不會在短期內紓解，也明顯影響了各大車廠的運作。由於汽車產業在美國、德國、日本、韓國、加拿大等主要工業國家，對 GDP 的貢獻值都在 7 至 10% 之間，而汽車平均使用年限長達 11.9 年。2021 年因為車用半導體不足，全球原本估計約有 8,500 萬輛的一般房車市場，竟然比預期少生產了 1,000 萬輛，而 2022 年上半年中國蘇州、上海等主要城市的封城作業，也影響了幾百萬輛的生產進度，能否儘快補足缺口，也影響各國經濟的發展。

為此，原本高度仰賴晶圓代工廠的車用半導體大廠，也宣示從 2022 年起，會有較為積極的資本支出，但與台積電這些晶圓代工廠相比，資本支出的規模差距甚大，因此預期未來幾年的生產主力仍會轉移到晶圓代工廠。

根據 DIGITIMES 的調查整理，前五大車用半導體 IDM 廠商，前段製程仰賴晶圓代工廠的比例是 35%，其中 CMOS 邏輯 IC 因為先進製程比例較多，因此委外的比重更高。以英飛凌為例，所有比 90 奈米更先進的製程，幾乎都採取委外的方式取得產品，而瑞薩 28/40 奈米等級的產品，也都委託台積電代工，但功率半導體則大多自行生產，只是未來台商與中國業者會擴增功率半導

體的產能，估計委外比例將由 10% 增加到 15% 以上。

二、Fabless 業者

高通、輝達、博通、聯發科、超微等業者都是 IC 設計領域的一線大廠，在所有 IC 設計公司中，輝達無疑是最受矚目的一家公司，除了年營收達到 200 億美元之外，其市值一度超過 6,000 億美元，更成為 IC 設計公司的新競爭門檻。

在半導體設計產業中，美國依舊執牛耳，在全世界的市場占有率高達 62%，包括高通、博通與超微、輝達都是頂尖大廠，其次是台灣以 448 億美元的規模占有 24%。在 2021 年全球十大 IC 設計公司的排行榜中，除了聯發科之外，台灣尚有瑞昱、聯詠擠入全球前十大之林。

在這十大業者中，高通與聯發科是智慧型手機晶片的領導業者，近年都積極發展多元產品線，切入電腦運算、消費性電子、物聯網、車用先進駕駛輔助平台（Advanced Driver Assistance Systems, ADAS）、智慧座艙等領域市場，在 Chromebook、平板、智慧音響與智慧手環市場等都有極佳的市占率。

輝達與超微是在電腦運算領域與英特爾競逐龍頭地位的公司，其中超微獲得台積電生產製造能力的支持，在個人電腦與伺服器領域逐步侵蝕英特爾的市占率，近期也拿下 XBOX Series S/X 與 PS5 的處理器市場。輝達則在個人電腦與伺服器 GPU 市場

維持領先地位，也在虛擬貨幣挖礦市場獲得豐厚收益，近年更成為人工智慧及自駕車市場的開拓者。

博通是寬頻、網路通訊、行動通訊、儲存、工業用 IC 的領導業者之一，執行長陳福陽擁有麻省理工學院（MIT）機械工程學位，亦為哈佛 MBA，出身傳統行業的財務主管也有豐富的創投經驗，在其主導下，透過 LSI、Avago 與 Broadcom 等大型購併與合併案，逐步躋身半導體領導業者之列。近年除半導體解決方案外，更積極發展基礎建設軟體事業，如主機、網路、資安管理等，2022 年 5 月更宣布購併虛擬化領導業者 VMware，進一步強化軟體服務的布局。

在台灣業者方面，除了聯發科外，瑞昱是網路及音效晶片領導業者，聯詠是顯示器驅動 IC 的領導業者。2021 年對台灣 IC 設計業來說是豐收的一年，但也面臨景氣走緩、人才不足、國外業者挖角，及中國同業在龐大國家與民間資本挹注下逐漸崛起的挑戰，需要政府與業界有更積極的作為來強化產業競爭力。

全球第一與台灣第一之爭

在 1990 年代台灣 IC 設計產業剛剛萌芽時，新創公司以「進口替代」為目標，開始設計晶片組、電源管理 IC、影像驅動 IC 等這類能與台灣個人電腦業高度結合的產品。直到 1998 年聯發科出現，並在光碟機晶片事業站穩腳步，開始挑戰更高難度的手

機基頻晶片、射頻晶片及應用處理器之後，台灣的設計業進入一個新的紀元，也走向更高階的市場競爭。

相較於其他公司，聯發科起步較晚，但在中國以鄉村包圍城市的策略、低價奢華的規格進入市場，加上成功切入崛起的中國手機業者族群，逐漸躋身全球手機晶片領先群中的一員，並在應用處理器取得坐二望一的地位。

聯發科在發展的過程中，透過購併等手段買下雷凌、晨星、立錡等不同領域的領導廠商，共組一個資源可以流動、技術可以分享的產業發展平台，成為台灣產品事業最多元、技術進入門檻最高的龍頭業者。

一旦進入頂級市場的競爭，晶圓代工成本也成為很多設計公司望而生畏的門檻。不久前，聯發科董事長蔡明介在一場公開演講時以「百億美元」的門檻為題，強調過去 20 年來，IC 設計業的競爭門檻不斷拉高，2010 年以前 10 億美元就可以是頂級大廠，2021 年已經有 5 家 IC 設計公司的營收超過 100 億美元。顯然聯發科瞄準的是 IC 設計業的領頭羊地位。

過去高通是手機應用處理器的領導廠商，聯發科以「今日山寨，明日主流」為號召，結合中國崛起的手機製造廠共創一個新的市場。iPhone 出現後，手機從單純的通訊功能進化到雙向的互動與資訊交流，更周延的聲音、影像需求，讓聯發科趁勢而起，而當年的山寨機確實升級為今日主流。我們從全球十大手機品牌

的結構轉變，可以知道當時的前十大手機廠中，僅有蘋果、三星深溝高壘的維持市場地位，包括韓國的 LG、日本的 SONY、歐洲的諾基亞（Nokia）與台灣的宏達電都消失在主流市場上。

在亞非、東歐等新興市場更具競爭優勢的聯發科，背後有台積電全力支持，高通卻為了留住三星手機繼續使用高通 Snapdragon 系列微處理器的商機，將應用處理器的訂單委託三星代工，也讓聯發科在手機應用處理器的市場能與高通並駕齊驅。

如今，高通更專注在旗艦機與更尖端的網通設備上，而聯發科能否超越高通，關鍵在於手機品牌廠的進展與選擇，也已經不是兩家公司單純的產品與技術之爭而已。高通在 2021 年表達不

前十大IC設計業者
單位：10億美元

Top 10	2021營收	市占率
Qualcomm(美)	29.33	15%
NVIDIA(美)	25.75	14%
Broadcom(美)	21.35	11%
聯發科技(台)	17.61	9%
AMD(美)	16.43	9%
聯詠科技(台)	4.83	3%
Marvell(美)	4.46	2%
瑞昱科技(台)	3.77	2%
Xilinx(美)	3.68	2%
韋爾半導體(中)	3.18	2%
合計	130.39	69%

資料來源：DIGITIMES Research整理，2022/5

再以手機應用處理器為主戰場，那麼高通與聯發科會在哪些市場
上狹路相逢呢？

　　隨著網通等基礎建設日趨完備，毫米波（mmWave）的應用
處理器、高效運算與 AIoT 的商機也慢慢浮現，高通與聯發科的
戰線從以往的手機延伸到平板、遊戲機、AR/VR、智慧家庭的各
種應用上，只是高通已經在 ARM 架構的筆電市場上搶先跟英特
爾、蘋果叫陣，而車用的先進駕駛輔助平台已經打進 BMW 等一
線大廠，顯見高通早一步在自駕車與車用娛樂資訊系統上領先聯
發科的布局。

　　相較於高通採取由上而下的策略，聯發科則是低調鋪排多媒
體系統，從電視機到機上盒，以及從 5G sub-6GHz 與毫米波、
Wi-Fi 技術展現聯發科也有與高通一拚高下的實力。至於高效運
算領域，初期聯發科以邊緣運算（Edge）端的商機為主，但長期
必然會進軍高效運算領域的主流市場。從過去的產業發展經驗，
美商擅於訂定規格來搶奪先期商機，台商則採鄉村包圍城市，由
下而上的戰略取勝。過去如此，在可預見的未來依然如此。

第三章
從供應鏈觀察

　　1987 年台積電成立，1995 年聯電放棄 IDM 模式，轉型專業晶圓代工廠，與北美 11 家 IC 設計公司合資成立聯誠、聯瑞、聯嘉等 3 家 8 吋晶圓代工公司，開啟了台積電與聯電晶圓雙雄之爭的序幕。

晶圓代工

　　2000 年是兩岸半導體產業發展的一個關鍵時點。在台灣，台積電併世大半導體，將全面轉向晶圓代工的世界先進納入陣營，聯電五合一發揮整合戰力，並在紐約證交所上市。在雙雄實力進一步壯大的同時，中國發布《國發 18 號文》，投資額超過 80 億人民幣或製程技術小於 0.25 微米的晶圓廠，內銷增值稅可由 17% 大幅調降為 6%，以及進口設備免稅。約莫同時，張汝京的中芯國際及王文洋的宏力半導體成立，並展開 8 吋廠興建計畫，從此中國半導體產業躍上了世界的舞台。

　　2000 年的專業晶圓代工產業，台積電與聯電分別取得 47% 與

33% 市占率，第三名新加坡特許半導體與第四名韓國東部／安南
半導體分別只有 10% 及 3%，到 2004 年台積電、聯電、特許降為
46%、23% 及 7%，中芯國際取得 6% 市占率躍居第四，前十大還有
排名第七與第十的兩家中國業者華虹 NEC（2%）及上海先進半導
體（1%）。

　　台積電在 0.18 與 0.13 兩代微米製程取得突破性發展，從此
躋身製程領先陣營，隨其技術逐步趕超 IDM 業者，每追過一些業
者，就讓 IC 設計公司更有產品及成本競爭力，也讓 IDM 逐步轉
為少建廠、大量委外的「輕資產」（Fablite）形式，或甚至轉型
為 IC 設計公司。2009 年超微分拆製造部門成立專業晶圓代工公
司格芯（GlobalFoundries, GF）轉為 IC 設計公司就是最好的例子。

　　格芯於 2010 及 2014 年分別收購特許及 IBM 的晶圓廠，並在
2012 年超越聯電成為第二大業者，該年的第四、五名業者則是三
星與中芯國際，這五大業者基本上就確立了近年的晶圓代工競爭
格局。

　　隨著技術從微米世代跨入奈米世代，每一代先進製程的技術
門檻及建置產能的資本門檻就逐步墊高，尤其是 10 奈米以下先
進製程所需的極紫外光（EUV）設備，一台基本款售價超過 1 億
美元，新世代機型甚至要 3 至 4 億美元，於是聯電與格芯相繼在
2017 及 2018 年宣布凍結先進製程開發，專注在 12 奈米製程及更
成熟製程的差異化服務。

當曾是英特爾有史以來最年輕的副總裁季辛格（Pat Gelsinger）於 2021 年 2 月重返英特爾，並於 3 月揭櫫 IDM 2.0 策略，在製造上內部生產與委外並行，同時重啓稱爲 Intel Foundry Services（IFS）的代工服務時，原本市場並不看好；但在高舉地緣政治與肩負美國半導體本土製造王者回歸大旗下，英特爾拿著外卡躍上晶圓代工主戰場，晶圓代工戰局由台積電、三星電子（Samsung Electronics）雙雄對戰，轉爲三強交火的新格局。

一、三強之爭

由於美中貿易戰線擴大至科技產業，致使全球地緣政治風險急速升溫，半導體晶圓代工產能成爲戰略物資，中國不僅啓動半導體自主化大計，歐美更是力挺本土製造半導體，祭出巨額補助計畫，極力擴大本土產能。

2021年全球前十大晶圓代工業者預估

全球前十大晶圓代工業者		2021年營收 (億美元)	2021年 YoY	市占率	
2020年	2021年			2020年	2021年
台積電	台積電(台)	568.3	25%	53%	52%
三星電子	三星電子(韓)	187.7	27%	17%	17%
聯電	聯電(台)	76.3	26%	7%	7%
格芯	格芯(美)	65.5	35%	6%	6%
中芯國際	中芯國際(中)	54.4	39%	5%	5%
華虹集團	華虹集團(中)	29.1	51%	2%	3%
力積電	力積電(台)	23.4	52%	2%	2%
高塔半導體	世界先進(台)	15.7	40%	1%	1%
世界先進	高塔半導體(以)	15.1	19%	1%	1%
東部高科	東部高科(韓)	10.2	29%	1%	1%
2021年前十大業者總計		1,045.8	28%	95%	96%

資料來源：DIGITIMES Research，2022/3

在三強之中，三星正面臨苦陷先進製程技術與良率低於預期的窘境；擁有研發技術優勢的英特爾雖陸續揭露歐美擴產部署大計，且有美國政府之助的優勢，但仍面臨不斷飆升的成本、建構代工服務文化與組織的挑戰、脆弱的客戶關係、長約訂單能見度不明等關卡。台積電則是手握全球晶片主要產能，不僅要面對中歐美日力邀前往當地設廠，為全球車用產業解決晶片荒的壓力，還要承受背後擁有政府強力奧援的英特爾、三星下戰帖。

三星先前高喊要超越台積電，提前在 2022 年上半搶下 3 奈米 GAA 頭香，同時宣布前進美國德州，斥資 170 億美元設立 12 吋新廠，鎖定 5 奈米以下製程，近期更加碼宣布設立半導體封裝與測試中心，計劃回頭投資成熟製程。

英特爾重新修正晶圓製造的事業藍圖，市場也在重新評估英特爾翻轉戰局的實力。英特爾向台積電下大單，對英特爾本身就是壓力，一旦享受台積電提供的高效率服務後，恐怕很難再回去過去的事業模式，釋單規模只會增加不會減少。此外在歐美大舉擴產，除自家產品外，恐難有大單支撐，主要是歐洲 IDM 大廠也在擴產，台積電更是歐系大廠多年合作夥伴，會有多少廠商選擇成本、風險較高，但良率可能較低的英特爾呢？

英特爾重返代工還有許多難關待解。除了客戶與訂單放大有限，在歐美設廠成本大舉拉升，高效率的硬體人才與三班制或四班二輪等輪班條件更難達到，還有與國際晶片大廠同時是競爭對

手，這些都是英特爾先前在代工領域無法大展身手的關鍵。除此之外，英特爾習慣挑戰最尖端的製程與產品，但台積電的核心價值是以高良率服務所有 IC 設計公司，這是兩家公司在經營體質上極大的不同。

另在三星與台積電的對戰方面，雙雄其實都承受著龐大的地緣政治壓力。但三星仍將超車台積電視為最終目標，不僅低價搶單，更宣布將率先進入 3 奈米 GAA 世代。不過三星晶圓代工業務多次出現紛亂，自爆製程技術與良率低於預期，也讓原本業界認為三星先進製程卡關的消息不斷擴散。

除製程技術落後台積電外，三星也面臨訂單流失危機，高通、輝達將全面回歸台積電。採用先進製程的晶片大廠全都倒向台積電，對於三星而言，沒有客戶訂單，推進製程技術又是燒錢黑洞，設備的攤提不如預期，如何走下去將是一大難題。

雖然三星有意回頭擴大成熟製程產能，但其實三星與聯電關係緊密，除了 2022 年 3 月已簽定新約外，更是聯電南科 P6 廠最大的長約客戶，也有意擴大下單聯電的新加坡 P3 廠，委外釋單既有效率且成本低，三星用過後很難再戒除委外甜頭。

綜觀來看，面對三星與英特爾夾擊，在公平競爭下，台積電長期堅持的核心策略即可巧妙退敵。台積電一向不和客戶競爭，走「純晶圓代工」的商業模式，客戶信賴說得簡單，但擁有品牌產品的三星、英特爾完全難以做到，此為台積電的先天優勢。

其次，是台積電在先進製程與先進封裝技術研發保持領先，擁有全球過半產能，在 7 奈米以下的市占率超過九成。第三則是服務和效率，集結組成供應鏈聯盟提供一條龍服務，加上標準化的高效率解決能力，這是三星與英特爾短期內難以速成的。事實上，能削弱台積電優勢，甚至拉下馬的，不會是來自同級對手群的挑戰。

二、資本支出與景氣疑慮

在諸多廠商競相擴廠的氛圍中，聯電先指出 28 奈米製程產能可能供過於求，但卻又宣布繼投資新台幣 1,000 億在南科 P6 廠擴產後，將於新加坡再擴建新廠，投資總額約 50 億美元，聚焦 22 奈米及 28 奈米製程。另包括世界先進、力積電、中芯等擴產計畫不變，我們看到半導體業的大循環還在，未來的挑戰可能是如何落實半導體走向應用驅動的新趨勢。

跟隨晶圓代工大動作擴產，上游矽晶圓產業對於未來 5 年市況更是樂觀，日本勝高（Sumco）及環球晶皆已明確定調矽晶圓將供不應求，其中環球晶購併世創破局後，轉為宣布在義大利、美國德州新建 12 吋晶圓廠，這是個總資本支出高達新台幣 1,000 億元的大型計畫。

疫情為半導體產業帶來需求高峰，相關供應鏈為搶食商機紛紛展開擴產大計，但疫情同時帶來的缺料、缺工，以及海運貨櫃及航空艙位不足、運費飆漲等問題環環相扣。

　　過去兩年來半導體產業大掀晶片之亂，供應鏈產能缺口與漲價效應超乎預期，更出現供不應求榮景，晶圓代工廠前仆後繼釋出擴產大計，不僅是投資在金額高昂的先進製程，設備大多停產的 8 吋廠也掀起購併與擴產潮。

　　當中，持續衝刺製程技術，同時也承受多方壓力的台積電，已宣布 2021 至 2023 年投資總額將達 1,000 億美元，不只在台灣擴廠，同時也因應多方要求前進日本、美國及南京擴產，德國計畫則還在討論中。

　　台積電位於亞利桑那州的 5 奈米新廠預計於 2024 年量產，第一階段月產能 2 萬片，最遲在 2025 年達到 8 萬片；南京廠擴增 28 奈米產能為主，2022 年下半量產，2023 年中完成月產能 4 萬片目標；而與 SONY、日本電裝在日本合資建立的 12 吋新廠，2022 年動工興建，2024 年底前開始生產，月產能 4.5 萬片。

　　聯電有南科 12 吋 P6 廠的新台幣 1,000 億元擴產投資計畫，並取得三星電子、聯發科、聯詠等多家晶片大廠長約包產能與設備歸聯電所有的協議，確立 2023 年量產首年就可獲利的目標。

　　力積電總投資金額高達新台幣 2,780 億元的苗栗銅鑼 12 吋廠，將從 2023 年分期投產。格芯將於新加坡廠區設立新廠，並在紐約州北部 Fab 8 廠區建置第 2 座晶圓廠，同時計劃投資 10 億美元擴充德國德勒斯登廠產能。

　　中芯國際 2021 至 2024 年在上海、深圳、北京與寧波至少有

4 座新廠規劃。華虹、世界先進與多家歐美 IDM 大廠也都有大增
產能的規劃。

封測產業

　　台灣的 IC 封測業發展始自 1960 年代，當時歐美日等國電子
業者因成本考量，將電晶體組裝生產線移往人力低廉的亞洲，最
具指標性的投資包括 1966 年飛利浦在高雄加工出口區成立飛利
浦建元電子，1969 年德州儀器在中和設廠，其他還包括通用儀器
及 Microchip 等，這些工廠承接母公司的技術跟訂單，70 年代開
始轉向 IC 封裝。

　　台灣本土業者則始自 1971 年的萬邦電子，這家由前交大校
長張俊彥在新竹新豐設立的公司從事電晶體封裝；早期業者還包
括 1971 年在高雄成立的華泰電子，以及 1973 年在台中潭子成立
的菱生精密，日月光及矽品則是要等到 1984 年才分別在高雄及
台中潭子成立。至於 IC 測試，在 70 到 80 年代都還是晶圓廠或
IC 封裝廠內的一個部門，直到 1988 年力衛科技成立，台灣才開
始有獨立的 IC 測試產業型態出現。

　　台灣的 IC 製造業、IC 設計業、IC 封測業、PCB 業及下游
的系統產品製造業形成了一個上下游串連良好的生態系，而在
國際半導體業者持續擴大的外包趨勢下，多年以來，台灣封測
業者始終能在全球半導體委外封測（Outsourced Semiconductor

Assembly and Test, OSAT）市場拿下過半的市占率。

封測業的前十大廠，2021 年的營收爲 337 億美元，約占全球封測產業的 85%，此一市場的規模約在 370 億美元，如果再考量台積電、三星、英特爾，甚至中型業者羅姆都有自家的封測廠，整個產業的產值約在 400 億美元左右。

晶圓代工產業前五大市占率高達 87%，封測則爲 70%，可想見封測產業集中度較低，相對競爭更爲激烈。前幾年中國積極以大基金發展半導體時，封測領域的領導大廠日月光充滿了危機感，因爲一旦矽品等實力與日月光接近的業者，被中國大基金以私募或其他方式入股、購併的話，對日月光可能是一場大災難。因此，日月光先發制人，與矽品合併之後的日月光，在 2021 年

前十大IC封測業者

單位：10億美元

Top 10	2021營收	市占率
日月光(台)	11.70	29%
Amkor(美)	6.14	15%
長電科技(中)	4.77	12%
力成(台)	2.99	8%
通富微電(中)	2.39	6%
華天科技(中)	1.89	5%
京元電(台)	1.21	3%
南茂(台)	0.98	2%
頎邦(台)	0.97	2%
超豐(台)	0.69	2%
合計	33.72	85%

資料來源：DIGITIMES Research，2022/3

以 29% 的高市占率拉開與其他人的差距。

　　由於 7 奈米之後的製程非常精密，台積電爲了掌握上下游技術，不僅過去幾年積極投資後端的封測技術，甚至認爲封測事業是先前打敗三星，取得蘋果訂單的關鍵。台積電主力的封測廠位於桃園龍潭，但爲了擴充產能，正在評估到中南部設置新廠。先進封裝技術成爲台積電搶奪最高階訂單的利器之後，也誘導了三星與英特爾更積極強化後端的封測技術與產能。

　　台灣的封測產業以 207 億美元的產值，占全球產值 53%，緊跟在後的中國以 91 億美元，貢獻了 23%，排名第二的 Amkor 會出售嗎？這家在 1990 年代是韓國亞南，之後入籍美國的封測大廠，至今仍是行業裡重要的一環。但封測產業相對較爲分散，馬來西亞的檳城、泰國、菲律賓都是重鎮，英特爾則將微處理器的封測中心放在越南的胡志明市。這個行業因爲台積電的積極參與有所改變，而日月光的創新布局也令人耳目一新，過去被視爲隱身幕後、勞力密集的封測產業，如今也慢慢的走向台前。接下來就中國封測業及先進封裝技術，進一步探討這兩個影響封測產業發展的關鍵議題。

一、中國封測業的崛起

　　長電科技成立於 1972 年，位於江蘇南通的通富微電成立於 1997 年，位於甘肅天水的華天科技成立於 2003 年，這 3 家業者合計占有中國 2021 年 IC 封測產值的 85%，在全球市場也取得了

高達 23% 的市占率。在 2011 年，中國封測三強中僅有長電 1 家入榜前十大，且僅位居第九，到 2021 年已分居第三、五、六名，顯示中國封測產業實力的增長，也將封測業做為進入半導體業的敲門磚。

在這 10 年間，長電科技於 2015 年完成收購全球第四大封測廠新加坡的星科金朋（STATS ChipPAC），2016 年在韓投資新廠量產，2021 年完成收購 ADI 位於新加坡的測試廠。目前在江蘇江陰的子公司長電先進工廠、韓國廠與星科金朋均擁有先進封裝產能。

通富微電於 2015 年收購超微蘇州及馬來西亞檳城的封測廠，取得高速成長中的超微長單，而華天科技則於 2014 年收購美國長凸塊公司 FCI（Flip Chip International）公司，2018 年收購擁有博通、Qorvo、Skyworks 等大客戶的馬來西亞封測廠 UNISEM（友尼森）。

在這些收購案背後，中國國家集成電路產業投資基金（大基金）扮演了重要角色，第一期大基金成立於 2014 年，註冊資本為 987.2 億人民幣，除重點投資 IC 製造外，也兼投設計、封測、設備、材料等產業鏈環節。大基金於 2014 及 2015 年注資 20.31 億及 18 億人民幣，以助長電及通富微電完成對星科金朋及超微兩座封測廠的收購。第二期大基金於 2019 年成立，註冊資本更超過 2,000 億人民幣，亦在 2021 年注資華天科技 11.3 億人民幣。

　　若觀察長電的股權結構，前兩大股東分別為大基金持股
13.31%，中芯國際旗下的芯電半導體持股12.86%，長電科技董事
長周子學是中芯國際前董事長，而中芯國際董事長高永崗也為董
事之一。與國家資本及中國最大晶圓代工廠中芯國際的緊密連
結，讓長電得以與日月光、Amkor並列快速躋身惟三市占率破
10%的第一領先群。此外，通富微電股權結構中南通華達微電子
持股23.14%，大基金持股15.13%，而華天科技由天水華天電子集
團持股20.77%，大基金持股3.21%，大基金是這兩家封測廠母公
司背後的第二大股東。除這幾家封測廠外，國家資本及地方政府
資本的挹注，更體現在半導體產業鏈的每一個環節。

二、3D IC 的挑戰

　　IC製程愈微縮，電晶體數目愈多，就愈走向尺寸變大、頻
率提高、發熱增加的趨勢，此時封裝技術就需相應走向小型／薄
型化、高密度化、腳位大幅增加的趨勢。

　　封裝技術包括IC與基板（substrate）的連接方式，以及基板
與印刷電路板間連接方式的兩方面發展，從半導體產業逐漸形成
產業的過程中，封測技術也跟著創新、改變。以下舉例介紹不同
年代的主流封裝技術：

（一）1970年代：DIP（Dual In-line Package，雙列直插封裝），
　　　產品是兩側有兩排平行金屬引腳的長條IC。

（二）1980 年代：PGA（Pin Grid Array，插針網格陣列封裝），封裝成品為一方形 IC，下緣四面有多排密集方陣針腳。

（三）1990 年代：WB-BGA（Wire Bonded-Ball Grid Array，焊線接合球柵陣列封裝）封裝成品為一方形 IC，下緣四面有多排密集方陣排列的錫球，也就是 BGA 的涵義，而在其內裸晶最上方負責連外的電性接點（Electrical pad）朝上，以金線與裸晶下的載板連接。

（四）2000 年代：FC-BGA（Flip Chip-Ball Grid Array，覆晶球柵陣列封裝），外觀與 WB-BGA 同，均是下緣四面有多排密集方陣排列錫球的方形 IC，但在其內先在裸晶電性接點上長出金或錫鉛凸塊（bump），然後將裸晶翻覆過來（Flip Chip），讓凸塊朝下直接與載板連接。

　　到 2010 年代，封裝技術則走向了 2.5D IC 與 3D IC 的異質整合（Heterogeneous Integration）時代，所謂異質整合就是將兩個或多個不同的晶片，透過各式堆疊與封裝技術整合在一起，例如多顆記憶體，或是記憶體加上邏輯晶片等。2.5D 封裝是指將多顆裸晶並列排在矽中介板（Silicon Interposer）上，並透過微凸塊（Micro Bump）連接，矽中介板內部的金屬線可將這些裸晶加以連接；其後以矽穿孔（（Through Si Via, TSV）方式連接下方載板，載板再連接至外部下方錫球。由於晶片是在平面並排呈現，而非上下立體堆疊結構，所以稱為 2.5D 封裝。

扇出型晶圓級封裝（Fan-out Wafer-Level Packaging, FO-WLP）也可歸為 2.5D 封裝的一種方式，其原理是將經過測試切割完的良品裸晶（Known Good Die, KGD）嵌入環氧樹脂成型材料（EMC）中，採用晶圓級金屬布線製程在表面建構高密度重分布層（Redistribution Layer, RDL）做成重構晶圓（reconstituted wafer），透過 RDL 改變電性接點位置，再進行晶圓凸塊植球的製程後，即可將封膠後的封裝體切割成一顆顆 IC。此技術屬於晶圓級封裝，具有 IC 面積較小，且封裝無需採用矽中介層或載板等材料的特性，帶來整合能力更高與成本更低的競爭優勢。

相較於 2.5D 封裝的裸晶並列，3D 封裝則是直接將裸晶堆疊，透過矽穿孔及微凸塊技術將裸晶連接起來，可進一步提升性能及整合度，晶片面積亦可進一步縮小。

台積電從 2002 年起便於內部設立長凸塊產線，封裝成為對客戶高附加價值整合服務的一環，2014 年起更憑藉集成扇出型封裝（Integrated Fan-Out, InFO）陸續取得蘋果各代晶片大單。如今晶圓代工三雄台積電、三星與英特爾紛紛強化在 2.5D/3D 封裝的布局，根據 Yole 於 2022 年 4 月發布的最新統計，若一併估算封測廠及晶圓代工廠的先進封裝產值，除日月光以 116 億美元遙遙領先外，英特爾與台積電分別以 53 億美元及 45 億美元位居第三名及第五名，與第二名 Amkor 的 53 億美元及第四名江蘇長電的 48 億美元在伯仲之間。此外，估算 2022 年投入先進封裝產線

的資本支出，日月光、Amkor 及江蘇長電僅分居第三、五、六名，三星位居第四，前兩名則是英特爾與台積電，投資額均在 40 億美元以上。

　　異質整合的趨勢改變了系統品牌業者、系統組裝業者、模組業者、IC 產品業者、晶圓代工廠、IC 封測業者、載板業者的分工與互動關係，隨晶圓代工領導業者垂直整合度的提高，必然壓縮封測業者的發展空間，封測業者亟需找到更策略性且更靈活的商業模式來因應。

設備材料

　　IC 的生產方式與組裝線生產截然不同。組裝線生產是有條輸送系統，讓組裝的產品緩慢移動，在過程中持續有作業員或機器將新的零組件裝配上去；晶圓廠主要分成黃光區、蝕刻區、擴散區、薄膜區，每區都有各自的機台設備，先進製程的 IC 製作可能需要數千道處理步驟，搭載晶圓的晶圓盒就在潔淨室裡來來回回移動，送進不同區的不同機台內，以不同的製程配方（recipe）來進行加工處理。

　　半導體是資本密集、技術密集的行業，愈先進的製程就需要採購愈昂貴的資本設備。舉例來說，蓋一座月產能 5 萬片晶圓的 12 吋廠，當製程是 65 奈米時，僅需投資 36 億美元，若提升到 28 奈米，投資額增加至 60 億美元，若蓋一座最先進的 5 奈米廠，

投資額更會暴增至 160 億美元。

愈先進的製程，技術與資金的門檻就愈墊愈高，有能力持續發展的業者愈來愈少，這在晶圓製造業是如此，半導體設備業亦是如此。2021 年，前十大半導體設備業者就占了整個市場的八成，主要來自於美、日、荷這三地。尤其前五大業者應用材料、ASML、東京威力科創、科林研發、科磊的市占率明顯高出其他同業不少。事實上，這五大業者的市占率從 2011 年的 63%，已經提高為 2021 年的 69.4%。以下探討前兩大業者應用材料與 ASML 的發展。

前十大半導體設備業者
單位：10億美元

Top 10	2021營收	市占率
Applied Materials(美)	23.6	18.9%
ASML(荷)	22.0	17.7%
Tokyo Electron(日)	16.9	13.6%
Lam Research(美)	16.5	13.3%
KLA(美)	7.5	6.0%
Advantest(日)	3.2	2.5%
SCREEN(日)	2.8	2.2%
Teradyne(美)	2.6	2.1%
Kokusai Electric(日)	2.7	2.2%
ASM International(荷)	2.0	1.6%
合計	99.7	80.0%

資料來源：International freight loaded and unloaded in metric tons，2022/3

一、多元製程設備龍頭：應用材料

應用材料成立於 1967 年，多年來能持續穩居半導體設備廠龍頭地位，要歸功於 1977 年上任的執行長摩根（James Morgan），他擔任執行長長達 26 年，也在 1987 年至 2009 年間擔任董事會主席，於任期內把公司從年營收不到 2,000 萬美元提升至超過 90 億美元。

摩根上任後先改善營運體質，聚焦在以化學汽相沉積（CVD）與磊晶爐（Epi reactor）為主的半導體設備，當時的半導體公司如 Motorola、IBM、德州儀器等都開發自家的設備，因此必須證明應用材料的設備更好，才可能獲得訂單。

摩根帶領應用材料積極搶占歐美市占率，累積足夠營運規模後，在 1979 年領先其他美國同業進軍日本市場，並邀請日籍人士進入董事會，在一位日籍董事建議下，從 80 年代前期就開始布局進軍面板設備市場。

應用材料在 1987 年推出革命性的新機台 Precision 5000。在此之前，每個機台僅能處理一道製程步驟，但在不同機台間移動以處理不同製程，容易提高污染可能且影響生產力。Precision 5000 機台的中心是一隻機器手臂，旁邊可掛 4 個獨立腔室（chamber），機器手臂移動一片片晶圓至不同腔室，處理不同的製程步驟，從而實現單一機台處理多工生產的理想。

應用材料除了內部有機成長外，也陸續展開購併，包括 2000

年購併電子束微影設備業者 Etec Systems，2009 年購併電化學電鍍與晶圓表面處理設備業者 Semitool，2011 年購併離子佈植機大廠 Varian 等。

2013 年 9 月發生了一件驚動半導體產業的事件，應用材料宣布將以換股方式作價 90 億美元購併東京威力科創，雙方將分別持有新公司的 68% 與 32%，產生一間規模遠大於 ASML 的巨無霸；但於 18 個月後，因美國司法部就反托拉斯考量提出異議，合併案宣告破局。之後在 2019 年應用材料再宣布購併日本設備廠 Kokusai Electric，卻因美中貿易戰後，中國積極扶植本地設備業考量，中國監管單位始終不放行而宣布中止收購。這些事件皆顯示出最近 10 年，政治力的介入已經讓過去靠購併擴張的模式遭遇較多困難。

應用材料雖從 CVD 起家，即便近年收購計劃皆落得鎩羽而歸，但已是全業界產品線最廣，提供不同類型的沉積、蝕刻、檢測機台，最接近提供晶圓廠整合解決方案的業者。應用材料目前更積極推動訂閱制模式，希望在硬體機台外提供加值數據服務予客戶，與客戶間建立更長期的緊密合作關係。

二、先進微影設備市場獨霸者：ASML

成立於 1984 年的 ASML 原本只是飛利浦的子公司，在與台積電成功開發浸潤式微影機台後，擺脫與 Nikon 及 Canon 的競爭，成為先進微影設備的絕對龍頭。自從 2018 年 EUV 設備成為 7 奈

米與最先進製程唯一選擇之後，ASML 更成為全球最受矚目的半導體設備廠商。過去 10 年來，每一套報價動輒 2 億美元的 EUV 設備，總共賣了 140 台，而且只賣給 5 家公司，其中台積電、三星、英特爾三大客戶就貢獻了 2021 年營收的 84%。

但 ASML 執行長威尼克（Peter Wennink）在接受訪問時指出，失去中國市場是 ASML 最大的損失，也是風險。中國過去幾年積極布局半導體，是 ASML 看好的最佳成長商機的市場。因為美中貿易大戰，EUV 設備不能銷往中國，相較於台灣、韓國都有三成以上的成長率，中國市場卻只有 18% 的成長，這雖影響 ASML 近期商機，但長期來看，中國透過本土的設備廠嘗試突破西方世界的封鎖，只不過 ASML 超過 4,700 家上游供應商的結構，中國想自行研發，難度相當高。

其次，台灣在 2021 年貢獻 ASML 全球市場銷售的 34%，韓國則占了 30%，美國僅有 12%，中國貢獻了 15% 上下，這也大致反映了尖端製程的需求結構。ASML 已經在韓國京畿道華城投資 2 億美元，建設一個 4,500 坪、可以容納 1,800 人的研發與服務中心，也在台灣設立技術服務中心。無論如何，微影設備已經是領導廠商跟隨摩爾定律的路徑發展時必要的設備，而被稱為「偏極紫外線設備」（PUV）是被看好的下一代設備，原理與最頂尖的電池技術相關，因此參與開發的還可能包括電動車大廠特斯拉。

從 7 奈米時代開始，極紫外光設備成為切入先進製程的重要

選項，原本掌握先機的英特爾導入設備時不夠積極，給了台積電、三星切入高階製程的機會，也讓英特爾幾乎輸掉整盤的棋局。現在英特爾量產的最先進製程 Intel 7 尚未導入 EUV 設備，其規劃在 Intel 4 的製程投產時才會使用 EUV 設備，時程預計是 2022 年的下半年。

　　然而等到英特爾下定決心時，台積電、三星早已搶到先機。英特爾已經宣示要在 2023、2024 年量產 Intel 3、Intel 20A、18A 的製程，分布在奧勒岡州、愛爾蘭、以色列的三個工廠都要積極布建 EUV 的生產線。不過 ASML 的訂單已超額，估計未來兩年微影系統的缺口上看 20 台以上，如果對比 ASML 在 2022、2023 年只能各自出貨 55 與 60 套設備，這 20 台的缺口，對很多箭在弦上的公司而言，絕對是個煎熬。此時誰擁有最多的 EUV 設備，顯然就可以搶到先機，而這家公司就是台積電。2021 年底剛剛出貨超過 100 套的 EUV 設備，有 90% 以上放置在晶圓代工廠，其中過半在台積電手上，這也是台積電執行張忠謀趁勝追擊、拉長對手學習曲線的策略中得到的最佳回報。

　　ASML 這家全球領先的半導體設備廠，現在不僅最先進的 EUV 設備無法準時出貨，甚至連成熟製程的深紫外光（DUV）設備也在聯電、中芯國際、格芯爭相擴張 28 奈米生產線時捉襟見肘。2021 年，全球半導體設備市場首度超越 1,000 億美元的門檻，預期 2022 至 2024 年間，成長動能依舊，但如何整合眾多供

應商準時供貨，對 ASML 還是個極大的挑戰。

三、半導體材料領導業者

　　相較於半導體設備，材料領域非常分散，半導體產業需要各式各樣的材料與特用氣體，各有各的供應體系與競爭態勢。以晶圓製造最主要的材料矽晶圓來看，2000 年代主要有信越（Shin-Etsu）、勝高、環球晶（MEMC）及瓦克化學（Wacker） 4 家市占率在 10% 以上的一線業者，其他業者還包括小松（Komatsu）、東芝及 LG Siltron 等二線業者。2021 年時，信越（日）與勝高（日）仍維持領導地位，合計市占率近六成，其次是環球晶（台）、LG Siltron（韓）及 Siltronics（德），這 5 家就占據了市場的 90% 以上。

　　環球晶在 2020 年 11 月時宣布收購 Siltronic，若成功，則將躍升為僅次於信越的第二大業者，但德國政府遲未能於 2022 年 1 月底截止日期前完成審批，使得收購案未能完成。之後，環球晶旋即啟動 B 計劃，呼應美國政府的期待，投入更多資金在德州等地擴產，來自台灣的環球晶目前位居全球第三，是否能成功躋身第二大，值得拭目以待。

　　而在 IC 載板方面，現以台灣的欣興、景碩、南亞；日本的 Ibiden、Shinko；韓國的 Simco、Simmtech、大德電子為主要業者。至於特用化學品領域的業者為數眾多，但以日、德、美業者為主，像是高純度電子氣體、ALD/CVD 前驅物（precursor）、旋塗式介電材料（spin-on dielectrics）的 Merck（德）；wet chemical 的

BASF（德）；光阻劑的 JSR（日）；光罩的凸版印刷（日）；
PVD 靶材的 JX Nippon；以及 CMP 研磨液與研磨墊的 DuPont
（美）及 CMC Materials（美）等，都是半導體化學領域中的佼
佼者。

EDA 設計工具與矽智財

在 IC 設計生態系的發展上有不同演進階段，80 年代的關鍵
要素是設計自動化，於是電子設計自動化的工具軟體行業興起，
除了自動布局繞線的軟體（後段設計），也開始了前段的邏輯
綜合（Synthesis）設計工具，三大家業者新思、益華與明導國際
（Mentor Graphics，2017 年被西門子購併下市）都誕生於 80 年代。

當半導體進入 1990 年代及 2000 年代，半導體製程推進至次
微米時代、深次微米時代，每顆晶片已可擺上數千萬顆電晶體，
IC 產品朝向單晶片系統（System-on-a-chip）發展，把過去電路板
上的多顆 IC 及其他電路元件整合到一顆 IC 內，從而大幅提升系
統性能、降低系統體積及成本。

若從無到有打造一顆 SoC，受限於公司內設計人力資源及領
域專業，很難所有 SoC 所需的功能區塊（functional block）都自
行開發，於是矽智財（SIP）公司開始興起，最具代表性的業者
就是英國的 ARM Holding。將通過設計驗證的軟 IP（Soft IP，
以 RTL 程式碼方式提供）或通過晶圓廠製程驗證的硬 IP（Hard

IP，以電路布局圖檔方式提供），例如 USB 介面的 SIP，讓客戶
得以納入自身的晶片內，從而加快整顆產品的設計週期。

　　此外，當晶片設計愈來愈複雜時，半導體產業鏈的設計服務
業也開始興起。相較於晶圓代工廠是接受客戶委託製造 IC，設計
服務業則是接客戶委託設計 IC。設計服務業者會有自己固定配合
的晶圓代工廠，基於其製程的標準元件庫（standard cell library）
及其他 SIP 庫，來爲客戶提供 IC 設計後端流程的布局繞線服務。

　　由於有些系統業者會從系統角度提出訂製 IC 的規格需求，
但本身並無 IC 設計的能力，所以也有一些設計服務業者可以基
於客戶提出的規格需求，從 IC 設計前段流程的邏輯綜合到後段
設計流程，再到完成下線（tape out）供晶圓廠生產 IC，或甚至
進一步爲客戶處理投片、封裝、測試各環節工作，最後交付客戶
量產 IC 成品的 turn-key 解決方案。

一、EDA 設計工具

　　根據 ESD Alliance 的統計，2020 年全球廣義的 EDA 市場的
規模是 114.7 億美元，2021 年再進一步成長爲 132.8 億美元，市
場區隔分爲前端電腦輔助工程（CAE）、後端 IC 實體設計與驗
證、PCB 及多晶片模組布局、矽智財及諮詢培訓服務等五大類，
占市場比重分別爲 31%、19%、9%、38% 及 3%。

　　全球參與 EDA 領域的科技公司大約 200 家，其中新思、益
華、西門子 EDA 這三大業者多年來合計拿下七成以上市占率，

產業呈現寡占格局，尤其新思與益華兩大事業範疇含括上述每個市場區隔，合計對整個行業的貢獻率超過五成。由於台灣在半導體領域的傑出表現，兩家公司都深度耕耘台灣市場。

二、全方位的設計工具龍頭：新思科技

新思成立於 1986 年，1980 年代新思、益華和明導國際都透過不斷購併來完善自家產品線。當時益華是業界龍頭，由台灣人徐建國創立的 Avanti 是第四大 EDA 公司，之後與益華長年訴訟，於 2002 年被新思購併。自從納入 Avanti 產品線後，新思成為業界首家可以提供前後端完整設計解決方案的業者，經過幾年發展，於 2008 年躍居龍頭迄今。

在 SIP 及 SoC 的發展趨勢下，新思是最早跨入 SIP 市場的 EDA 業者之一，在 1992 年推出了 DesignWare IP，若以 1990 到 2000 年、2000 到 2010 年、2010 到 2020 年每 10 年為一期來看，SIP 的購併數持續成長，且近 10 年的購併數是所有事業之最。目前新思擁有全業界最豐富的 IP 產品組合，並成為僅次於 ARM 的第二大業者。新思會計年度 2021 年的營收達 42.0 億美元，其中 EDA 及 SIP 占比分別為 55% 及 35%。

三、矽智財

根據 ESD Alliance 的統計，2021 年矽智財市場為 50 億美元市場，主要市場區隔包括：

（一）標準單位（Standard Cell）庫：設計 IC 的基本功能組件。

（二）記憶體 IP：包括 SRAM、DRAM 及非揮發性記憶體。

（三）類比與混訊 IP：如 A/D（類比數位轉換器）、D/A（數位類比轉換器）、放大器等。

（四）介面／周邊核心：如 PCI 控制器、USB 控制器、Ethernet 控制器、Bluetooth、DDR 控制器等。

（五）編解碼／加解密核心：如 MPEG 編解碼、調變／解調變器、加解密等。

（六）影音核心：如影像邊緣偵測（edge detection）。

（七）處理器核心：如 ARM 或 RISC-V 處理器。

（八）DSP 核心：如 CEVA 的 DSP。

（九）測試功能：如偵錯、自我測試等。

　　在台灣主要的 SIP 業者包括提供記憶體 IP 的力旺電子、提供高速介面及基礎 SIP 的円星科技（M31），以及提供 RISC-V 處理器核心的晶心科技這幾家業者。以具有超高獲利能力的力旺為例，其產品包括單次編程 IP、多次編程 IP、Flash IP，並於 2016 年推出及高附加價值的 PUF（Physical Unclonable Functions，物理性不可複製功能）解決方案，由每一晶片自行產生隨機加密數字，供識別認證以強化資料安全防護及穩定性。由於來自於客戶 5G 手機電源管理晶片、影像訊號處理器（ISP）及 OLED 驅動

前十大矽智財業者

單位：百萬美元

Top 10	2021營收	市占率
ARM(日/英)	2,202.1	40.4%
Synopsys(美)	1,076.6	19.7%
Cadence(美)	315.3	5.8%
Imagination Technologies(英)	179.3	3.3%
SST(美)	135.7	2.5%
Ceva(美)	122.7	2.3%
芯原微電子(中)	97.9	1.8%
Alphawave(英)	89.9	1.6%
力旺(台)	84.8	1.6%
Rambus(美)	47.7	0.9%
合計	4,352.0	79.8%

資料來源：IP nest，2022/5

IC 出貨量的增加，讓力旺維持不錯的成長動能。

在前十大矽智財業者中，ARM 這家公司多年來始終位居第一，2021 年拿下 SIP 市場的 40% 市占率。ARM 是如何成功的呢？

四、低功耗處理器核心王者：ARM

ARM 於 1991 年 11 月自英國的 Acorn 電腦分割獨立，產品為精簡指令集（RISC）處理器，當時主要股東除 Acorn 外還包括蘋果及美國 ASIC 公司 VLSI Technology。ARM 的崛起要歸功於第一任執行長薩克斯比（Robin Saxby），於 1991 至 2001 年任 CEO，2001 至 2006 任董事長。他原在歐洲 ASIC 業者 European Silicon Structures 任職，接任 ARM CEO 後便決定採取 IP 授權此

一半導體業界創新的商業模式，收取一次性技術授權費用和晶片量產後的權利金抽成。ARM 主要有 3 種授權方式：

（一）處理器授權：是指客戶取得處理器核心的 Soft IP 授權，不能改變原有設計，但可根據需要決定在晶片中要放置哪些系列、多少顆 ARM 核心，並由客戶自己負責完成晶片設計並導入量產。

（二）POP（Processor Optimization Pack）授權：是客戶獲得製程優化後的處理器，可確保在特定半導體廠的特定製程下，生產出基於處理器核心性能獲保證的 IC 產品。

（三）架構授權：客戶取得 ARM 架構授權後，可針對架構進行調整，以及對指令集進行擴展或縮編，並可根據客戶自身的產品開發需求極大化的客製化 ARM 處理器架構，例如蘋果的 Swift 架構及高通的 Krait 架構。

　　1993 至 1994 年，ARM、德州儀器與諾基亞三方合作，ARM 爲此合作案開發出 16 位元客製化 Thumb 指令集的核心 ARM7，德州儀器生產客製化基頻晶片予諾基亞用於 GSM 手機，從此 ARM 核心成爲手機乃至各類低耗能電子產品的主導性處理器解決方案。

　　2016 年孫正義的軟銀（SoftBank）以 320 億美元的超高金額收購了 ARM，他們看好物聯網與人工智慧的發展，認爲到 2040 年全球可望有 10 兆個物聯網裝置，而每個裝置都需要 ARM 核心

晶片，因此全資收購 ARM。

ARM 雖仍主宰智慧型手機處理器市場，但智慧型手機成長動能趨緩；另一方面，物聯網市場區隔是高利潤，但是少量或量大卻超低價的市場，目前尚無法給予 ARM 足夠的成長動能。

在軟銀近年積極推動將旗下投資公司變現後，2019 年 9 月輝達宣布將以 400 億美元自軟銀處購併 ARM，一旦成局將是半導體市場最大購併案，但在包括英國、美國、中國、歐盟都持有疑慮而遲不放行的情況下，2022 年輝達宣告放棄，軟銀乃改弦易轍推動 ARM 重新掛牌上市。

ARM 未來數年的發展關鍵將來自於電腦運算市場的成長，過去此市場始終為 X86 架構處理器主導，但近年來包括個人電腦的 MacBook 及 ChromeBook 均改採 ARM 架構處理器。此外，雲端服務資料中心也初步看到導入 ARM 架構伺服器的趨勢，是否能形成氣候還有待觀察。

五、設計服務

晶圓代工廠的競爭力體現在「技術」、「產能」與「服務」3 個面向，在技術上，不論所擁有的是先進製程或成熟製程，若無差異化價值就只能比拚價格，而量產技術若不佳，良率無法極致提升，財報獲利就不可能理想。在產能上，即便有差異化技術，若產能不足，客戶找上門來沒法滿足，就只能眼睜睜看客戶轉去找其他有產能的競爭對手。

　　至於在服務上，晶圓代工廠本身致力做好各項服務，但總有些對客戶的服務超出了自身能量，必須仰賴外部合作夥伴來達成，於是晶圓代工廠紛紛以自身為中心，打造服務生態系，其中做得最早與做得最好的便是業界龍頭台積電。台積電稱其服務生態系為開放創新平台，其中包括設計工具聯盟、矽智財聯盟、設計中心聯盟、雲端聯盟及價值鏈聚合聯盟。

　　我們就以台積電的設計服務聯盟來一窺設計服務產業的縮影。其中在美國有包含新思及益華在內的9家業者，歐洲有包括比利時 IMEC 的4家業者，日本包括大日本印刷、凸版印刷及NSW（Nippon Systemware）這3家業者。而日本以外的亞洲地區則有台灣創意電子、世芯電子、巨有科技及矽拓科技等4家，以及印度的 Cyient 與資服巨擘之一 HCL Technologies 旗下的Sankalp Semiconductor 這兩家。

　　上述業者是以總部所在地區列舉，但這些設計業者的服務範疇可能拓展至世界各地。以創意電子與世芯科技這兩家台灣最具規模的設計服務公司為例，創意在矽谷、阿姆斯特丹、橫濱、首爾、深圳、上海、南京與北京皆有據點，2021 年的營業額中，台灣僅占 18%，美、中、日、韓、歐的比重分別為 22%、37%、9%、8%、6%。世芯則在矽谷、新橫濱、廣州、上海、無錫、合肥、濟南設有據點，2021 年新台幣 104.3 億元營業額中，台灣僅占 3%，中國高達 71%，日本與其他地區各為 9% 及 17%。

地緣政治的風險無所不在，由於人工智慧與高效運算晶片需採最先進製程，台積電是中國業者的下單首選，世芯的第一大客戶為研發超級電腦晶片的天津飛騰信息技術公司，以及未具名的第二大客戶，分別於 2021 年 4 月及 11 月被美商務部列為實體清單，被迫暫停與美企的業務往來，並禁止使用美國技術生產商品，這也是整個生態系變化中最大的考驗。

零件通路與其他

儘管全世界的跨國貿易與運輸 95% 仰賴海運、跨國陸運，空運所占的運輸重量僅 0.21%，但高單價、強調效率的空運貿易總額則占全球貿易額的 26%。海島台灣於 2021 年的空運重量是進出口的 0.23%，而因為高科技、半導體產品的貢獻，台灣 2021 年進出口貿易竟然有 47% 來自空運。

2021 年，全球五大貨運機場都位於東亞的樞紐機場。中國是世界工廠，扮演進出貨樞紐的香港是台灣半導體零件倉儲的調度中心。從東亞經濟崛起的 1970 年代起，香港就以自由港的效率、中立的政治環境獨步全球，珠三角啟動的改革開放更讓香港如虎添翼。上海在長三角經濟圈的支撐下也是名列前茅，至於產業結構十分相近的台灣與韓國，在空運領域到底有何不同，正好可以利用烏俄大戰，來檢視地緣政治、科技產業如何影響運籌體系。

2022 年春，海運的價格是疫情之前的 6 至 7 倍，以貨櫃船

的準點率而言，2021 年全年為 35.8%，遠低於 2020 年的 63.9% 與 2019 年的 78%。2021 年平均延誤天數 6.86 天是史上最高，這當然影響貨運價格。此外，海運市場面臨缺船、缺工、缺車、塞港，甚至運河堵塞的問題，空運顯然更具優勢。我們可以預期 2022、2023 年中，海運依然緊俏，從海運轉到空運的比例會持續增加，只是空運也因烏俄大戰而出現很多新的變數。

談到「地緣」，我們也可以攤開地圖探索，一旦東北亞國家無法飛越西伯利亞到歐洲，替代的路線有幾種？相關的影響又是什麼？例如，因為戰爭而無法飛越俄羅斯領空（西伯利亞）時，日航、韓航都得飛越美國阿拉斯加、加拿大再到歐洲，航程大概要多 4 小時。

燃料費是航空公司最昂貴的成本，也是極大的營運風險。偏偏俄羅斯是全球第三大石油輸出國，烏俄大戰之前油價是在每桶 80 美元上下，戰爭爆發之後甚至一度攀高到 160 美元，只要戰爭不結束，就算委內瑞拉、伊朗加入增產行列，變動的油價也會讓運籌費用居高不下。

台灣前往歐洲，可以往南經印度、杜拜，另外一條路則是從新疆穿越哈薩克到歐洲，但這背後有很多「眉角」。西伯利亞接近北極圈是東亞前往歐洲最近的一條路，過去占了地利之便，橫跨 3 個時區的俄羅斯要求很高的過路費，現在經由北美阿拉斯加、加拿大，航空公司支付的過路費就便宜了一些。

　　此外前往美國的貨運班機，通常會在安克拉治暫停加油，因為貨機較重，不適合直飛美國，安克拉治也是美國石油產地，汽油比較便宜，許多不為科技業熟知的運籌手段，確實讓業界在運用航運資源時非常陌生。

　　至於東亞、西太平洋的航線，位於西太平洋中段、具有地利之便的國家是台灣，但這也當然牽涉到國家的航運與產業發展戰略。例如，北亞的日韓前往北美、歐洲時就比台灣有利多了，但日韓業者要前往東協、南亞，台灣就可以收到很多的過路費、中轉的商機。就供應鏈的變化而言，將來東協、南亞電子業的比重提升時，對台灣的航運業有更大的優勢。

一、產業、運籌相輔相成

　　擁有高科技產業的台灣、韓國，2021 年外貿出口值分別年增29.4%、25.8%，韓航、華航、長榮在 2021 年領先復甦，就是靠高達九成五的貨運收入，成為 3 家全球最賺錢的航空公司。

　　從 1970 年代開始的全球化浪潮，長於效率且具有高教育水平的東亞國家，成為全球供應鏈中不可或缺的環節，而東亞的日本、韓國、台灣都是島國地形，中國的生產基地主要也落腳在沿海地區，因此香港、上海、仁川、成田與桃園機場都成為全球最繁忙的貨運機場。全球五大航空貨運機場都在東亞，排名依序是香港、韓國仁川、上海浦東、台灣桃園與日本成田機場。

全球十大貨運機場 ✈

單位：萬噸

機場	2021	2020	YoY(%)
1. 香港機場	503	447	12.5
2. 韓國仁川機場	333	282	18.0
3. 中國上海機場	327	298	9.7
4. 台灣桃園機場	**279**	**232**	**20.2**
5. 日本東京成田機場	259	196	32.3
6. 卡達哈馬邁機場	259	215	20.7
7. 美國邁阿密機場	225	191	17.9
8. 新加坡樟宜機場	195	154	26.4
9. 中國廣州白雲機場	137	112	22.3
10. 泰國曼谷機場	111	90	23.4

資料來源：International freight loaded and unloaded in metric tons，2022/3

　　桃園機場的貨運量從 2017 年的 227 萬公噸，增加到 2021 年的 279 萬公噸，無論是出口、進口、轉口都是兩位數的成長，台灣的航空公司營收獲利跟著水漲船高。2021 年華航獲利 93.8 億元，長榮 66 億元，但韓航折算台幣的獲利約是 155.5 億元。

　　韓航與華航機隊結構十分接近，但爲何韓航獲利較高？關鍵在於韓航併購韓亞航，整個韓國市場一家獨大。其次是韓國接近北極圈，飛往美國、歐洲都比台灣更具優勢，而韓國仁川機場是新機場，整個運籌、轉口的設計都優於桃園機場，這也是台灣在國家戰略布局上缺乏遠見的另一個案例。未來如果半導體生產基地轉移到東協、南亞，台灣的地理位置便會是台灣一大優勢。

　　在貨運方面，2021 年全球航空貨運量比 2020 年成長 19%，較疫情出現之前的 2019 年成長 7.3%，需求大致已經恢復疫情之前的水準，但關鍵是運能因爲疫情影響減少了 12.8%，持續屬於

緊繃的失衡狀態。航空公司中擁有的貨機愈多，價值愈高，華航在市場需求殷切下，甚至使用客機的機腹載貨也獲利豐厚。運量增加最多的是從亞太飛往北美，成長了 34.9%，原因與美國塞港有關。如果考量台灣的採購經理人指數（Purchasing Managers' Index, PMI）已經長達兩年都超過 50，雖自 2022 年 3 月起逐漸下滑，但基本上仍呈現擴張的趨勢。

在疫情壓力下，全球航空公司大多虧損累累，只能透過政府補貼與財務重整的手段苟延殘喘。亞洲航空公司中，國泰港龍、日本亞航、澳洲虎航停止營運，債務重組的有馬來西亞航空，資產重組的是越南航空，印尼航空則進入債務協商階段，而泰航、菲律賓航空、中國海航甚至破產重整，其他中國主要航空公司也都面臨虧損擴大的壓力。所有的航空公司中，唯獨韓航、華航與長榮高唱凱歌，這當然與前述出口高科技、半導體產品，進口尖端科技設備有關。

二、與地緣政治、疫情共存

地緣政治、供應鏈緊俏、通膨、疫情等影響國際經貿環境的四大變數中，地緣政治最為關鍵，而供應鏈的緊俏與台灣電子業的關係最密切。從 1991 年蘇聯解體至今大約 30 年，全球都受惠於穩定的國際環境，地緣政治甚至戰爭離台灣很遙遠，也不會被道德綁架，在供應鏈的管理上尊崇事業的經營法則便可。烏俄大戰的影響，不僅僅是放棄俄羅斯市場的問題，將來在兩極對抗的

背景下，如何做出最恰當的選擇，都是經營者極易遭遇的難題。

　　烏俄大戰初起，烏克蘭副總理跟華碩喊話「科技不是用來支援戰爭的」，但如果所有的問題都無限上綱到道德問題，那商業風險會有多高。華碩、宏碁在俄羅斯都有 9% 的市占率，或者占華碩全球營收的 5%，那麼我們可以理解，2021 年營收 193 億美元的華碩，要面對的是每年將近 10 億美元的營收損失，而台灣的筆電大廠從無到有經營俄羅斯市場，前前後後花費了多少心血，到最後卻可能是「竹籃子打水」，一場空！

　　這對所有的公司而言，地緣政治的風險不是只有現階段的營業損失，而是與俄羅斯交惡、選邊站之後的長期無形虧損。航空燃油價格上揚時，航空公司可以透過燃油附加稅，轉嫁將近 40% 的費用給消費者，其餘則可以透過預購燃油、保險等方式來避險。這對航空公司或委運的業者都是局部可以控制的風險，但政治的風險，卻可能是下錯一著棋，就會讓公司滿盤皆輸。

　　2022 年中開始，全球進入與疫情共存的狀態，包括台灣在內的東亞國家出現另一波的高峰，整體客運情況還是很難樂觀的期待。2021 年桃園機場進出旅客總量是 91 萬人次，比 2020 年的 744 萬人減少 87.8%，更比 2019 年的 4,869 萬人暴跌 98%。2022 年的邊境管制或許會有些舒緩，但估計也只能有 150 至 200 萬人的旅客量，離將近 5,000 萬人的歷史高點有很大的距離，可以想見華航、長榮仍會延續過去兩年靠貨運賺錢的經營模式。

2022 年，整個國際趨勢是往國境解封的方向調整，到 2 月底爲止，全球已經有超過六成的地區放寬了管制，其中以北美的 79% 比例最高，歐洲是 50%，相對保守的亞洲國家僅有 41%，但也開始規劃解封的配套措施，日本甚至已經在 5 月下旬迎接第一波海外的觀光團。

日、韓、新加坡等國家的二劑疫苗接種率已經超過全國民眾的八成，致死率明顯降低，但中國卻以封城、清零面對疫情升溫的壓力，深圳、上海、昆山的封城，對全球供應鏈是一大衝擊。北京、上海的 GDP 總量是 4 兆人民幣，深圳也有 3 兆元，可以想見封城對供應鏈的影響。中國持續清零的政策，對全球經濟與供應鏈仍是重大的變數。

三、通路結構與運籌體系

相較於期待市場的成長，分散型生產體系帶來的影響更值得注意。台商正將生產體系往東協國家移動，越南北部因中國珠三角的地利之便而搶得先機，印度正透過生產獎勵機制（PLI），吸引外商到印度投資設廠。鴻海、和碩、緯創等台商都依照客戶的要求在印度設立生產據點，而 2022 年 6 月下旬，鴻海董事長劉揚偉風塵僕僕地連續訪問印度、印尼與泰國，甚至晉見印度總理莫迪、印尼總統佐科威與泰國總理帕育拉，顯示台商與台灣正成爲分散型生產體系的關鍵樞紐。

　　可以預期整個半導體的運籌體系因多元、在地生產的需求而在改變中，這也將影響運籌服務業者的布局。包括大聯大、文曄、安富利（Avnet）這些零件通路業者也將會依照客戶的需求調整供應體系，我們可以預期過去大約八成透過香港運籌的零件，未來將會有三成以上轉而透過陸路、海運轉到東協、南亞國家。

　　零件通路商過去並沒有受到太大關注，從 2000 年以後默默地整合運籌體系，智慧化的倉儲中心與技術支援能力，讓零件通路商成為產業中不可或缺的關鍵環節。估計全球 5,559 億美元的半導體市場，有 35% 透過零件通路商銷售到市場上，也就是全球有將近 2,000 億美元的半導體，是透過零件代理商進入市場的。2021 年時，大聯大的營收來到 282 億美元，排名第二的文曄也有 161 億美元，他們都是名列台灣 17 家百億美元大廠的電子業廠商之一，而安富利在亞洲地區的營收也在 100 億美元上下。

　　展望未來，電動車是眾所關注的焦點，而電動車的生產體系不會只集中在歐美傳統的汽車生產大國。包括印度、泰國、越南、印尼在內的亞洲國家，都將與在地的服務系統結合自行生產電動車，屆時零件通路商將扮演更關鍵的角色。

　　泰國的 Hana、菲律賓的 IMI 與越南 VinFast 都可能是各國在地的製造廠，而包括日本電裝、博世（Bosch）、Continental、ZF、Magna 等傳統的車用零件業者，都可能透過這些領先的零件通路商布局亞洲的新商機，或者將亞洲的半導體零件輸送到歐美

日的汽車生產體系中。

地緣政治正在影響半導體業，而產業本身的變革、市場的多元化，都是推波助瀾的動力，從亞洲供應鏈觀察，未來 10 年將是全球供應鏈出現大變革的關鍵 10 年。

四、零件高庫存的新時代

2022 年開春之後，我們陸續看到終端市場的需求似乎沒有 2021 年強烈。筆電市場從 2019 年的 1.58 億台，增加到 2021 年的 2.46 億台，市場就算沒有飽和，2022 年也不會有那麼大的胃納量，DIGITIMES 估計全年的市場需求為 2.08 億台。

根據 DIGITIMES 研究中心最新公布的全球智慧型手機 2022 年的出貨量在 12 億支上下，年減約 10%，而中國手機銷售下跌，三星、蘋果也沒有好消息，加上烏俄大戰、中國幾個主要城市封城，打亂了市場秩序，那麼企業是否應該降低庫存，進一步調節產銷秩序，讓缺貨的零件補齊，並回到常態呢？

但現實並非如此，半導體領域中，記憶體與非記憶體的銷售行為並不相同。記憶體價格高漲時，終端產品會跟著調節裝載的記憶容量，因此只要市場需求減緩，記憶體的價格就會快速反應。2022 年第一季、第二季報價走跌的消息，大致就是反應實際的市場需求。只是記憶體也區分成行動通訊、電腦用的記憶體，以及數據中心用的高階記憶體，我們可以從伺服器的出貨量，理解數

據中心的建設並未停止，短期內仍可期待一定的商機。

　　但非記憶體的半導體產品，例如各類微元件晶片、邏輯晶片、類比混訊晶片、光電元件、感測器及分立式元件，基本上是缺一不可。終端產品多元化，要考量的不僅是銷量持平的電腦、手機需求，工業電腦、伺服器的需求依舊暢旺，市場也顯示車用半導體短缺現象一年半載內不會改變，因為 IC 缺貨而無法組裝汽車的車廠，現階段更不會減少庫存。

　　2021 年是零件通路商快樂回收的一年，多數通路商都有不錯的獲利，但獲利增加主要是營收的增加，在附加價值的成長上還是十分有限。一般而言，上游原廠會提出部分的比例做為通路商的利潤，過去通路商扮演「搬箱子」（Box Mover）的角色多一點，但這幾年通路商從技術支援或智慧運籌上下功夫，搬運效率的提升，也是營業額與利潤增加的原因。

　　但通路商的價值僅止於此嗎？未來市場多元化，反倒是原廠很難面面俱到，加上東協、南亞新興市場的崛起，只要通路商能針對新興市場的在地製造廠做出貢獻，搭配通路商在智慧運籌、數據掌握上的優勢，未來幾年也將會是通路商升級的重要契機。

五、動態管理成為新常態

　　大聯大執行長張榮崗、文曄董事長鄭文宗與安富利亞太總裁雲昌昱都說，2022 年絕對是「動態管理」的年度。而我們認為，

動態管理不會僅僅是這一兩年的議題，甚至可能成為新常態。未來不會只有中國的生產基地生產手機、筆電、伺服器，越南、泰國、馬來西亞、印度、印尼都會是大家矚目的焦點，那麼零件庫存、倉儲調度誰來負責呢？大聯大投資台驊，文曄看好東協的商機，也透過購併的手段，以 50 億元的價格買下新加坡的通路商世健科技，布局航太、工控的晶片商機。

　　為了因應多元的需求，零件通路商的角色愈來愈重要。正常情況之下，通路商要備妥年營收 20 至 25% 的資金做為營運資本（Working capital），體現了口袋很深的零件通路業在亞洲供應鏈中扮演了非常關鍵的角色。當川普、拜登兩位美國總統都強調要重新掌握供應鏈時，零件通路業的角色與重要性顯然被原廠與投資機構低估。

　　一般而言，零件通路商有三大功能。第一是將不同零件模組化，並提供技術支援，所以真正具規模的零件通路商都有龐大的技術支援團隊。第二是資金調度，通常零件通路商會根據客戶過去的往來經驗，判斷放帳的規模與帳齡，而台灣具有資金成本的優勢，新興國家的通路商不太容易取而代之，因此在東協、南亞在地產業崛起過程中，台系的零件通路商或者能夠善用台灣產業生態優勢的大型跨國零件通路商，會有一定的優勢。第三就是倉儲運籌的價值，以往通路商都以香港為主要的倉儲運籌中心，近兩年台系的通路商提高台灣的比重，也加碼投資台灣的運籌中

心，加上伺服器等敏感機種的客戶要求從台灣出貨，我們可以理解這一波的長短料，加上後疫情新高峰的變動時刻，通路商可望再次成為調度市場供需的關鍵力量。

在台商返台投資的聲浪中，已經有大約 1.5 兆元經過經濟部工業局審議而返台投資，其中智慧工廠、智慧倉儲都是被檢視的重點，但這只是滿足零件運籌需求的一部分而已，香港、新加坡海空運的效率，以及香港可以透過陸運轉進中國的優勢，則是台灣不具備的條件。

中國談「動態清零」，而台灣的零件業者面對的是「動態庫存」的運作模式，這些新的環境與氛圍可能將成為新常態。電子業就是不斷的創新，過去靠的是技術創新，但未來是應用創新、事業模式創新的時代！如果您是零件業者、組裝廠，在零件配套上，您會有幾種有效率的運籌機制呢？

第四章
從應用市場端觀察

　　半導體市場雖受全球經濟景氣週期及半導體廠資本密集、投入至產出具有時間落差的影響，而產生景氣循環的市場特性。但數十年平均來看，始終維持長期成長的趨勢。

　　在台積電成立的 1987 年，當時半導體市場規模為 325 億美元，至 1997 年市場便達到 1,372 億美元，成長超過 4 倍之多。2011 年時規模成長為 2,990 億美元，而至 2021 年規模更來到 5,559 億美元。

　　在 2011 年前，半導體市場仍不時出現 30% 以上的成長，而過去這 10 年間多是個位數成長，且有幾年出現負成長，不過整體而言，電子產品的半導體含量比重持續在提升，在 2000 年初期不到 20%，過去兩年已達 30% 上下，因此只要全球經濟及全球電子產品銷售持續成長，半導體仍能維持穩定的成長動能。若就應用領域來看，半導體組裝成終端產品時，大約有 38% 進入電腦運算類的產品，例如筆電與伺服器；有 32% 用在通信與網通設備上；其餘的工業、車用半導體、消費性電子都在 10% 左右。

　　DIGITIMES 預期，相較於 2021 年全球總值 5,559 億美元的半導體市場規模，未來年均成長率將達 6% 以上，全球市場將在 2030 年超過 1 兆美元的規模。在應用區隔上，電腦運算與通信領域的比重將略降，較顯著增加的將會是來自於車用與工業領域的商機。

電腦運算

　　電腦運算應用包含各類電腦系統及周邊產品使用的 IC，其中電腦包括大型主機、伺服器、工作站、桌機、筆電、平板及其他可攜式個人電腦等。周邊包括顯示器、儲存裝置（SSD、硬碟、磁帶機、RAID 等）、印表機、掃描機、影印機、鍵盤、滑鼠、網卡、寬頻 / 無線數據機（搭配電腦使用）等。

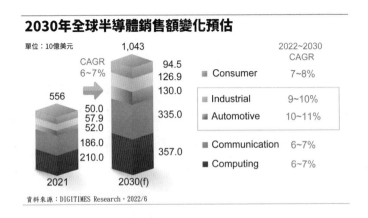

2030年全球半導體銷售額變化預估

單位：10億美元

	2021	2030(f)	2022~2030 CAGR
	556	1,043	CAGR 6~7%
Consumer	50.0	94.5	7~8%
Industrial	57.9	126.9	9~10%
Automotive	52.0	130.0	10~11%
Communication	186.0	335.0	6~7%
Computing	210.0	357.0	6~7%

資料來源：DIGITIMES Research，2022/6

在半導體的五大應用中，原本都是以消費性應用為最大市場，但自 IBM 相容電腦在 1981 年問世，並帶動相容個人電腦市場出現爆炸性成長，之後電腦運算市場的占比就持續提高，在 1991 年一度達到 39%，領先消費性市場的 25%。而在 1990 年代下半期到 2000 年代上半期達到最高峰，甚至占整體半導體市場過半，其後在個人電腦市場逐漸步入成熟期，甚至出現衰退情況，加上功能手機與智慧型手機銷量持續攀升，通訊半導體市場成長力道超越了電腦運算應用需求。隨著雲端服務與高效運算的快速成長，帶動了伺服器及相關半導體需求，近年電腦運算半導體與通訊半導體市場規模相近，均占整體市場的 30% 至 35%，並列為前兩大半導體應用市場。

一、個人電腦與伺服器為兩大市場

就整體個人電腦市場而言，在 2010 至 2012 年達到 3.5 億台左右的銷售高原期後，接下來連續多年都呈現負成長，直到 2019 年才轉正，但新冠疫情帶來在家工作、遠距學習的新常態，個人電腦市場迎來多年未見的榮景，2020 與 2021 連著兩年出現兩位數的成長，2021 年市場回到 3.4 億台的規模，但未來幾年大致都會維持 3 億台左右的市場需求。

在 2006 年時，個人電腦品牌以惠普與戴爾為首，各占有 15.9% 市場，其次是宏碁（7.6%）與聯想（7.0%），其他業者合計市占率有 53.6%，隨著市場成熟，產業集中度逐漸提高，尤其聯

想憑藉廣大中國內需市場為腹地，又於 2005、2011 及 2017 年相
繼購併 IBM PC 事業、入主 NEC PC 事業（先取得合資公司 51%
股權，後全額收購）及納入 Fujitsu PC 事業（取得合資公司 51%
股權），而逐步成為全球最大個人電腦業者，以 2021 年的品牌
市占率來看，呈現三大（聯想 24.7%、惠普 21.8%、戴爾 17.6%）
三中（蘋果 7.6%、宏碁 7.2%、華碩 6.4%）的局面，其他業者合計
市占率僅為 14.7%。

在個人電腦市場從高原期步入成熟期之後，電腦運算卻有另
一個區隔帶來高速成長動能，也就是伺服器市場。2000 年代初期
時伺服器約為 500 萬台規模的市場，到 2014 年突破 1,000 萬台，
2021 年達到 1,700 萬台；過去大企業與網路公司自建機房，是伺
服器最主要的購買客戶，但 2010 年代後，AWS、微軟 Azure、
Google Cloud Platform（GCP）、阿里雲等公有雲業者持續壯大，
在雲端上提供 SaaS（Software-as-a-Service）應用服務的公司如雨
後春筍般紛紛冒出頭來，企業也逐漸轉向公有雲或混合雲的 IT
架構，在全球各地大舉興建超大規模資料中心的雲端服務業者，
成為最主要的伺服器客戶。

在 2000 年代後期，雲端業者未成氣候時，全球伺服器市場
主要由 IBM 和慧與科技（HP Enterprise, HPE）兩強各拿下近 30%
市占，其次是戴爾與 Oracle 各約 10%，其餘才是 Fujitsu 等日商。

其後包括浪潮、聯想、華為等陸系業者紛紛跨入市場，而台

灣 ODM 業者跳過品牌業者直供雲端業者及 Meta 等自建資料中心的網路巨擘，改變了供需格局。就 2021 年來看，ODM 直供比重占到了整體伺服器市場的三分之一，品牌業者則以戴爾、惠普、浪潮爲第一領先群，其他還包括聯想，以及台籍梁見後所創辦的美商美超微（Super Micro）等業者。

2022 年 5 月，中國官方基於資安考量，要求中央政府機關、國有企業、政府相關企事業單位等兩年內必須全面改採國產設備，之前受惠中國政府政策與市場支持，讓聯想、華爲和浪潮躋身全球最大個人電腦和伺服器大廠，而金山軟件和中標軟件等軟體業者也在國內拿下高市占率，隨中國 GDP 規模持續擴大，這些業者的市占率還可能進一步提升。

二、運算架構的版圖變動

以個人電腦與伺服器爲主的電腦運算半導體市場，如今正處於一個競爭格局出現明顯變動的情況，包括原來 X86 架構主導的市場受到 ARM 架構逐步侵蝕，以及 X86 霸主英特爾的地位受到了不少的挑戰。

電腦運算市場成爲決定未來數年 ARM 發展前景的關鍵所在，首先是過往爲 X86 架構處理器主導的筆電市場，隨著蘋果在 2020 年第四季開始銷售搭載採 ARM 架構自家處理器晶片 M1 的 Mac 產品（MacBook Air、MacBook Pro、Mac mini）後，蘋果便全面導入自家 ARM 架構處理器至各筆電及 ipad 產品線，由

於產品具有高效能、低耗能的競爭力，讓蘋果筆電乃至在整體個人電腦的市占率逐步提升。2021 年蘋果占全球個人電腦出貨量的7.9%，預計未來幾年將可突破 10% 的市占率。此外，主打教育市場的 Chromebook 也是另一個 ARM 核心成長動力，2021 年出貨量達到 3,448 萬台，聯發科便是 Chromebook ARM 核心晶片的主要供應商。而在伺服器市場，ARM 架構的推展相對緩慢，包括輝達及高通過去都有所嘗試，結果卻不盡理想，但當本身就是伺服器需求大戶的雲端業者 AWS 積極參與時，由於自身就是出海口，局面便有了明顯的轉變。

Amazon 在 2015 年收購了以色列新創公司 Annapurna Labs，便持續致力於開發 AWS 所需的自家訂製晶片，其中供伺服器運算使用的處理器產品線稱為 Graviton，迄今共有三代，運用在 AWS 的 EC2 雲端服務上。最新的 Graviton 3 是於 2021 年 11 月發表，內置 64 顆 ARM Neoverse N2 核心，採用台積電 5 奈米製程生產，電晶體總量達到 550 億個。

此外，輝達也在 2022 年 6 月台北國際電腦展（COMPUTEX）上發布了 ARM 架構的資料中心 CPU「Grace」，內含 2 個 CPU 晶片，具有 144 個高效能 ARM V9 核心，採用台積電 5 奈米製程生產。包括戴爾、HPE 慧與科技、華碩、工業富聯、技嘉、雲達、緯穎、美超微，以及中國的浪潮、聯想、新華三（H3C）均將推出相關伺服器產品。

　　另一股值得關注的新興勢力來自於前英特爾總裁 Renée James 於 2018 年所創立的 Ampere Computing，其 2021 年發布的 Altra Max 具有 128 個 ARM Neoverse N1，採用台積電 7 奈米製程生產。2022 年發布的 Ampere One 則是採用了自家客製化的 ARM 架構核心，以台積電 5 奈米製程投產，獲得微軟、騰訊、百度、阿里巴巴、甲骨文（Oracle）的採用。ARM 架構伺服器處理器的發展仍方興未艾，甚至不排除連英特爾與超微都會推出相關產品，預計未來 5 年的年複合成長率可達 30% 以上。

通信

　　通信應用包含各類語音及數據通訊的終端產品，以及電信網路設備所使用的 IC。最主要的市場需求來自於手機，還包括短距無線終端產品（藍芽、WiFi、UWB、Zigbee 及無線電話）、行動通訊網路設備（如基地台）、衛星通訊網路設備、有線通訊終端產品及設備（如寬頻用戶端裝置、交換機、路由器等）。

　　通信半導體跨入高成長始自 1991 年 2G 服務的啟用，該年 7 月芬蘭電信業者 Radiolinja 推出全球第一個商業營運的 GSM（Global System for Mobile communications）服務。通訊技術與市場的發展仰賴標準，標準的背後往往是國家與國家、陣營與陣營間的競局角力。1G 時代為類比通訊，由美國的 Motorola 所壟斷，但美國在 2G 上卻無統一標準（兩套基於 TDMA 技術，一套

高通的 CDMA 技術），歐洲則成功制定 GSM 這統一標準，並向全球推廣。至 2001 年，全球有 162 個國家推出 GSM 服務，拿下四分之三的市占率。2G 時代的另一套技術 CDMA（Code Division Multiple Access）則促成了高通與韓國行動通訊產業的崛起。

　　1991 年 8 月，高通和類似台灣工研院的南韓電子通訊研究院（Electronics and Telecommunications Research Institute, ETRI）簽署了包括手機、基地台及行動交換系統等 CDMA 共同開發協定。在此之前，高通的 CDMA 技術僅提供軍方使用而無大規模商業化運轉經驗，而韓國則透過 TDX（Time-Division Exchange）國家科研計畫，成為全球第 10 個擁有電信交換系統能力的國家。

　　韓國在 TDMA 與 CDMA 兩個選項中挑選了 CDMA，韓國政府也宣布 CDMA 為韓國唯一的 2G 行動通訊標準，並在 ETRI 組建了超過千人的團隊投入，三星、LG 等財團也投入相關商業應用。此外，高通同意將每年在韓收取專利費的 20% 交給 ETRI 投入後續研發，韓國電子通訊研究院協助其研究。1996 年 1 月 SKT 率先於仁川推出商業服務，其他業者陸續開台，當年年底便達到 100 萬個用戶。隨著 CDMA 在美國、拉丁美洲、日本、中國各地商轉，三星與 LG 的手機品牌在全球順勢而起。

　　2000 年在不分系統的情況下，全球手機銷量合計為 4.2 億支，市占率以諾基亞（30.6%）、摩托羅拉（14.6%）和易利信（10%）

等「傳統三大」居首，三星電子以 2,200 萬支的規模位居第 6，而到了 2012 年，便以 22% 市占率擊敗諾基亞成為全球手機龍頭。

3G 時代有 3 套標準，分別是歐洲與日本主導的 WCDMA、美國與韓國主導的 CDMA2000，以及中國主導的 TDS-CDMA。隨著 2001 年 10 月 NTT DOKOMO 推出全球第一個 WCDMA 網路，以及 2002 年韓國 SKT 與 KTF 及美國 Monet 相繼推出 CDMA2000 服務，全球正式進入了 3G 時代，但真正的行動通訊革命則是智慧型手機的問世。

在蘋果 iPhone 推出前，包括諾基亞、Sybian、微軟、宏達電及黑莓（Blackberry）已有相關產品，但 iPhone 的四大功能卻定義與創造了龐大的智慧型手機市場，也從此改變了人類的生活方式。這四大功能包括：多點觸控螢幕（multi-touch screen）、開放的手機作業系統 iOS、自家與眾多第三方業者開發的應用程式（App），以及應用程式市集，也就是下載平台 App Store。

蘋果本身扮演平台角色，一邊連結眾多的 App 開放業者，另一邊連結廣大的消費者，藉由網路效應逐步滾大整個 iphone 生態系。2008 年 9 月全球首支 Android 手機 HTC Dream 發售，從此進入了 iOS 與 Android 兩強寡占的時代。

在手機品牌競局方面，除了三星與蘋果外，2004 年 3 月華為將行動電話終端業務分拆出來成立子公司華為移動通信技術公司，並於 11 月在香港發布支援 WCDMA 的手機 U326 和 U626；

2009 年中國發出 3 張 3G 執照並開台，憑藉廣大內需市場，帶動了中國業者的崛起。

根據 DIGITIMES 的統計，2021 年全球智慧型手機市場達到 13.2 億支，前兩大業者三星與蘋果的市占率各達 20.6% 與 18.2%，之後便幾乎全爲中國業者的天下，包括小米、OPPO、vivo、傳音、華爲／榮耀、聯想等，除傳音一開始便以非洲做爲目標市場，其餘業者都是先在中國國內站穩腳步，再逐步拓展海外市場。

2G 時代的手機晶片贏家是 GSM 陣營、打造諾基亞客製晶片的德州儀器，以及 CDMA 陣營的高通，然而隨著諾基亞節節敗退，德州儀器陸續撤出手機基頻晶片及智慧型手機應用處理器，高通與聯發科反倒成爲競逐手機晶片市場寶座的主要角逐者。

在以智慧型手機爲主的手機半導體市場，最主要的產品區隔是基頻晶片、RF 前端晶片及應用處理器晶片。手機基頻與應用處理器以高通與聯發科爲最主要供應商，而 RF 前端以 Skyworks、高通、Qorvo、博通與日本 Murata 爲主要供應商。

另外占料件成本較高的還有 DRAM 及 NAND 這兩項記憶體產品，手機相機所使用的 CMOS 影像感測器，以及驅動暨觸控整合單晶片（TDDI）等，其中 DRAM 以三星、SK 海力士及美光爲主，NAND 則包括三星、SK 海力士、日本鎧俠及美國 Western Digital，而 TDDI 則是聯詠、奇景、敦泰、瑞鼎等台灣業者爲主要供應商。此外，指紋辨識 IC（如神盾）及感測器（如昇佳）也

是台廠有所著墨的市場。

在通信領域中，扮演行動通信主力的手機逐漸走入成熟的高原期，對供應鏈來說，在烏俄大戰遲未落幕、全球通膨嚴重、經濟景氣走緩之際，尤其與手機市場及供應鏈最相關的中國，雖力圖維持 5.5% 的經濟成長，但仍有不確定性，供應鏈業者都將面臨極大的考驗。

車用

車用半導體包含車內資訊娛樂系統的相關半導體，如用於儀表板、導航、音響、影音裝置等，以及在汽車、電動車、自駕車相關的座艙、控制電子、安全、影像輔助系統、動力總成／引擎、車體、照明等有關半導體。在各項半導體產品中，尤其以 MCU、類比 IC、sensor 這幾類 IC 產品及分立式元件爲車用市場大宗。

汽車是個百年產業，安全性爲最重要考量，因此汽車產業是個從整車廠、一階供應商（Tier-1：供貨給整車廠）、二階供應商（Tier-2：供貨給 Tier-1）、三階供應商（Tier-3：供貨給 Tier-2）等上下游秩序井然、連結緊密的供應鏈體系，掌握在美、歐、日、韓這幾個主要國家或地區多年，僅有中國因龐大內需市場成爲後起之秀，建立起具規模的汽車產業，因此新世代的電子廠商並不容易打進汽車的供應鏈。

電動車的興起，帶來產業鏈重構的契機，2021 年全球汽車市場因受到疫情及車用晶片短缺影響，僅成長 4%，但電動車市場（合計純電動車與插電混合式電動車），則較 2021 年成長 109%，達到 650 萬台的規模，其中電動車龍頭特斯拉銷量達 93.6 萬，取得 14% 市占率。傳統車廠也急起直追，福斯汽車（Volkswagen）位居第二，市占率達 12%，與 2020 年相較，其電動車銷量出現了翻倍的突破；另一大車廠豐田汽車（Toyota）對電動車的態度也轉趨積極，於 2021 年推出純電動車 BZ4X，並計畫在 2030 年前投入超過 8 兆日圓開發 30 款純電動車，希望達到年銷售 350 萬輛電動車的銷售目標。

此外，以中國蔚來、小鵬、理想汽車為首的新興電動車業者在全球紛紛現身，新興國家視汽車為民族工業，典範轉移下也積極尋找戰略夥伴扶植自家的電動車廠。蘋果、SONY 及小米等科技消費性電子產品業者也積極投入開發，一旦正式量產投入市場，可能改變整個市場的競爭版圖。

電動車被稱為「掛上輪子的行動電腦」，隨著既有穩定的產業結構遭到顛覆，給了非傳統汽車供應鏈的業者參賽機會。電動車驅動龐大的傳統車輛汰換商機，對於半導體與 IT 產業而言，是在個人電腦、手機市場規模擴增有限下，成為未來營運能否維持增長的主力關鍵，積極備戰是所有廠商的共同話題。車輛研究測試中心表示，台灣過去 5 年車用電子的產值每年以 13% 幅度快

速成長，2021 年更達到新台幣 3,000 億元，推估 2025 年產值會翻倍成長到 6,000 億元。

電動車全面改變了傳統汽車供應鏈，不再像過去又長又繁雜，而是快速走向扁平化的格局。電池、電機、電控為電動車的核心關鍵，當中又以電池為整車成本最高的組件，寧德時代、樂金 Energy Solution、三星電機及 Panasonic 占有多數版圖，三星電機甚至利用拜登訪韓的機會輸誠，表示願意到美國設置車用電池工廠。

這些大格局的競爭，台廠幾年內難以迎頭趕上，但在電池以外的領域，如充電系統、電子材料、動力系統、先進駕駛輔助系統及智慧座艙相關領域，仍有與國際大廠一搏的機會，如廣達與特斯拉合作多年，是電子控制單元（Eletronic Control Unit, ECU）的主要供應商，和碩也承接中控台及充電樁訂單，友達在全球車用面板占有近 15% 版圖，台達電也持續拿下多家車廠電動車電源與動力系統訂單。

值得注意的是，電動車的相關領域除了在產能與製程技術上握有絕對領先優勢的台積電，以及其他晶圓代工與封測產業外，因為安全性與未來軟體平台等理由，傳統的電子廠商要拚戰車用商機仍是十分地艱辛，也因此互通有無、建立產業聯盟的模式快速興起。

如鴻海集結上下游 3,000 家供應鏈相關業者打造 MIH 聯盟，

力積電董事長黃崇仁也力邀友達、和碩及台灣車聯網產業協會等
成立「台灣先進車用技術發展協會」，近期則有車輛研究測試中
心與義隆電、奇美車電、友達光電、中華汽車、華德動能、成運
汽車、創奕能源以及大聯大品佳成立車用人工智慧影像晶片與智
慧座艙顯示模組產業聯盟。

　而在車用半導體方面，2021年市場規模達到500億美元，
其中以微元件（微控制器為大宗，其次是微處理器）及類比IC
為最大產品區隔，各占約30%，再來是光學元件／感測器及邏輯
IC，而記憶體與分立式元件則各占約7%市場。

　全球車用晶片逾85%都掌握在英飛凌、恩智浦、意法半導體、
德州儀器與瑞薩等IDM大廠手中，採取部分自製、部分委外的
模式。而擁有不可取代地位的就是台積電。近兩年車用半導體短
缺嚴重影響新車量產，造成二手車價格狂漲，儘管IDM大廠啟
動擴產機制，但緩不濟急，委外生產的MCU主要都由台積電取
得訂單。

　隨著車用晶片項目與量能逐年擴大，如人工智慧與網路通訊
等晶片需求大增，製程技術也持續推進，台積電全球擴產更快且
規模更大，如台積電在日本、南京的擴廠計畫即鎖定車用IC訂
單，在德國的生產計畫也在評估中。日本新廠除了與SONY合資
外，豐田汽車的車用零組件廠日本電裝也將參與投資，幾乎可以
確定日本新廠將有源源不絕的豐田訂單落袋，台積電的車用晶片

訂單增速超乎市場預期。

此外，由於台積電在 7 與 5 奈米先進製程有九成以上的市占，加上三星、英特爾最先進的製程卡關，除特斯拉委三星生產自駕晶片外，包括輝達、高通、英特爾、恩智浦等人工智慧自駕晶片欲導入先進製程時，也只能在台積電下單投片。

在其他業者方面，因應車用晶片需求大增，原本車用比重約占 5 至 10% 的世界先進、聯電與力積電，近年大舉擴產的支撐力道就包括 3 到 5 年的車用晶片長約大單，IC 設計業者中，瑞昱車用乙太網路晶片出貨給特斯拉，而搶進全球電動車市場。

近年來，在電動車及 5G 的趨勢下，帶動高功率與高頻率特性元件的市場興起，乃使包括碳化矽（SiC）及氮化鎵（GaN）等第三類半導體產業的發展方興未艾，包括第一類半導體（矽）的上下游，從中美晶、台積電、聯電到日月光；第二類半導體（砷化鎵 GaAs、磷化銦 InP）的穩茂、宏捷科、全新與 LED 的富采等。目前大部分台廠仍延續矽半導體的上下游分工模式，但部分台廠則採取了虛擬 IDM 模式，如中美晶集團旗下的環球晶、茂矽與宏捷科、朋程，分別負責晶圓及磊晶、晶圓代工、元件生產。

第三類半導體產業包括美國、歐洲、日本、韓國、中國的業者，躍躍欲試者眾，尤其中國龐大資金支持下的產業動能非常強勁。雖然此市場未來數年呈現高成長態勢，但基本上屬於利基市場，在僧多粥少情況下，多數業者未必能有太多斬獲。

消費性電子

此市場區隔爲個人或家庭使用的消費性電子產品所需的半導體。消費性電子產品有：

（一）視聽娛樂裝置：包括電視、電視遊樂器、智慧音響、機上盒（Set-Top Box）、電視棒、家庭劇院、音響等。

（二）白色家電：包括電冰箱、冷暖氣機、洗衣機、烘衣機等。

（三）小家電：包括除濕機、空氣清淨機、吸塵器、掃地機器人、電子鍋、微波爐、電磁爐、電烤箱、咖啡機、電動牙刷、電子體重／體脂計等。

（四）可攜式裝置：如智慧手錶、智慧手環、GPS 追蹤器、VR頭盔、AR眼鏡、數位相機等。

根據 Ericsson 最新預測，2021 年的物聯網連線數爲 146 億個，預估至 2027 年會成長爲 302 億個，年複合成長率達到 13%。在過去，許多消費性電子產品內部的 IC 只是簡單的微控制器，只有平面電視、遊戲機與機上盒具有較高的半導體含量，但在物聯網趨勢下，愈來愈多的家電產品變成連網家電，也陸續產生智慧音響、電視棒、室內智慧攝影機等家用新產品，以及智慧手錶及智慧手環等個人用新產品。

以下依序介紹電視、遊戲機與智慧音響等幾個科技含量高，且在智慧家庭中扮演要角的消費性電子產品。

一、電視：韓中日三國爭雄

電視是傳統的市場區隔，從 CRT 電視到 PDP 電視、LCD 電視，再到現在最新的 OLED 電視，營運模式並無太大的改變，但市場上的主導品牌在 2000 年之前從日系廠商占有絕對優勢，千禧年之後韓系業者迎頭趕上，進而超越，最近幾年中系廠商憑藉本地市場及顯示器產業而逐漸興起。根據 Omdia 的統計，2021 年全球電視市場規模為 2.14 億台，三星已連續 16 年位居第一，若以銷量來看，市占率為 19.8%，若以銷售金額來看，市占率更進一步提高為 29.5％。事實上，三星在 2,500 美元以上的高階市場或是特大尺寸市場區隔的市占率都高達四成以上，其餘依序為 LG 電子、SONY、TCL、海信。

在半導體方面，台灣聯發科、聯詠、瑞昱、奇景光電等業者在數位電視控制晶片、驅動 IC、電源管理 IC 等都位居世界領導地位，而世界先進、力積電等業者的營收中，驅動 IC 亦占了不少的比重。

二、遊戲機：美日三強鼎立

遊戲機市場一向都是任天堂、SONY、微軟三強鼎力的市場格局，在 2017 年任天堂 Switch 問世前，任天堂的營運正處於有史以來難見的低迷，甚至呈現虧損，Wii U 及 3DS 都未能再創 Wii 及 DS 銷量高峰，但多數人不看好的 Switch 卻以其全家同樂、低售價定位搭配 Switch 運動、瑪利歐、寶可夢、動物森友會等熱

門遊戲，甚至超越 Wii 成為任天堂有史以來最暢銷遊戲機，目前也是僅次於 PS2 及 PS4 史上第三暢銷的遊戲機。

由於部分零組件缺貨加上 Switch 在銷售數年步入成熟期，任天堂 2022 年的營收與淨利出現衰退。反觀 SONY 與微軟，PlayStation 5 與 Xbox Series X/S 均是於 2020 年 11 月問世，目前還在生命週期的上升期，未來幾年營運動能相對強勁。

遊戲機產業採取遊戲機半買半送，依賴銷售遊戲軟體獲取高毛利，硬體銷售額約占三分之一，另外三分之二是遊戲軟體及線上服務。2021 年遊戲機硬體銷量約 5,000 萬台，含軟體與線上服務的整體市場規模約超過 500 億美元，SONY、任天堂與微軟 3 家市占率各約 45%、30% 與 25%。

這 3 家遊戲業者都仰仗台灣供應鏈，Switch 採用了輝達的內建自家 GPU 核心及 ARM CPU 核心的 Tegra X1 處理器晶片，以台積電 20 奈米及 16 奈米製程生產。而 PlayStation 5 與 Xbox Series X/S 均採用了超微的 CPU 與 GPU，其中包括 Zen 2 架構客製化 CPU 與 RDNA2 架構客製化 GPU，以台積電 7 奈米製程生產。而所需的許多半導體及電子零組件也大量來自於台廠，像是 USB 控制 IC、ROM、音效 IC、電源 IC、感測 IC、SSD、無線網路 IC、手把控制 IC、藍光光碟機控制 IC、PCB、電源供應器等，整機組裝也由鴻海及和碩負責。

三、智慧音響：平台業者主導

隨著 Google 在 2012 年 7 月發布 Google Now，個人語音助理透過智慧型手機逐漸普及，蘋果於 2014 年 4 月發布 Siri，2014 年 11 月 Amazon 向 Prime 會員發布了個人語音助理 Alexa，以及首款智慧音響 Amazon Echo，從此帶動了智慧音響市場的興起。

2016 年，全球約銷售了 650 萬台智慧音響，2021 年則來到了 1.63 億台，年均複合成長率高達 90.5%，早期這個市場由 Amazon 獨霸，其後 Google 推出搭載 Google Assistant 個人語音助理的智慧音響分食市場。Amazon 與 Google 的策略是授權個人語音助理予第三方業者，開發包括智慧音響等的各式產品，將 Alexa 及 Google Assistant 平台的餅做大，包括 Sonos、Harman Kardon、Bose 等專業音響業者也加入市場。

目前智慧音響市場由亞馬遜、Google、百度、阿里巴巴、蘋果、小米這六大業者所主導，合計市占率可達 88% 左右，其中又以亞馬遜占據超過四分之一的市場為最高。亞馬遜 Echo 主力代工廠包括鴻海、仁寶，谷歌則是廣達、和碩，蘋果 HomePod 則包括鴻海、英業達。除蘋果 HomePod 及 HomePod mini 是採用自家 A8 及 S5 晶片外，其餘業者多是採用聯發科的智慧音響晶片。

參與智慧音響角逐的六強都是平台業者，他們各自經營自己的生態系。過去談數位家庭、智慧家庭的主要戰場都在客廳，並以電視、遊戲機、機上盒為載具，但由於智慧音響價格低廉，以

語音互動爲主，可出現在臥房、書房、廚房等不同生活空間，進一步滲透至家庭，收集語音數據資訊來掌握家中每一成員的喜好與需求，從此角度來看，每個智慧音響未嘗不是一隻微型的特洛伊木馬。

工業用（含政府、國防）

此市場區隔爲不同行業垂直領域的電子裝置所需的半導體，運用在工廠自動化（如機器人、RFID）、保全與監控、醫療電子、國防航太、照明、建築、能源，以及政府部門等不同的需求中。

行業垂直領域市場不同於個人電腦及手機的大衆市場，是個碎片化的市場，針對不同行業的不同應用來提供產品，台灣的工業電腦業者在多元垂直市場經營多年，是全球最大的供應國。

而在智慧應用／數據經濟的趨勢下，供應商必須熟稔大數據、雲端、物聯網、人工智慧等各項新興技術的應用情境及使用者痛點，爲客戶量身訂作軟硬整合解決方案，而非標準化的硬體產品，且需在各地市場都有爲數衆多的合作夥伴，包括電信業者、雲端服務業者、系統整合業者等，才可能切入更多的客戶。

這樣的市場客戶與營運模式雖具高度挑戰性，但可享有比過去從事代工更爲豐厚的利潤，擺脫過去無名英雄的角色，成爲行業內所認知的 B2B 品牌。

目前台灣產業普遍看好的行業垂直領域包括智慧製造、智慧

節能與智慧醫療，許多業者都是用自己的工廠做為場域，或與醫院合作建制解決方案與驗證可行性。

在工業用半導體方面，2021 年的市場規模為 579 億美元，這個領域的主要業者包括美國的德州儀器、Analog Device、英特爾、Microchip、On Semi，以及歐洲三大半導體業者英飛凌、意法半導體、恩智浦等業者。

以台灣供應鏈看好的智慧製造市場來說，以機台預防保養為例，在 2016 年時仍是個高度不確定的智慧工廠應用情境，至 2021 年工廠導入已有可量化且不錯的投資報酬率（return on investment, ROI）。根據 IOT Analytics 的估計，2021 年相關市場規模可達 69 億美元，至 2026 年更可望成長為 282 億美元的市場，其相關 IC 需求包括物聯網、邊緣運算／人工智慧、馬達控制、功率元件等。

第三部

產業的重要轉折點

第一章
從電腦、行動通訊
到萬物連網的新時代

　　技術驅動了數波工業與社會變革，18 世紀興起第一次工業革命，車床、刨床、梭織機、織布機改革工具製造與產品生產，蒸汽機的出現成為量產工廠的動力來源，應用至紡織業、煤礦業、鋼鐵業、造紙業、印刷業等不同產業，機械化與自動化讓無專業技術的勞工取代了具專業技術的工匠，蒸汽火車也讓便捷的長距離陸上交通成為可能。

　　第二次工業革命始自 1870 年代，以電力大規模運用為主軸，實用的發電機、電燈、直流馬達、交流馬達、現代化電廠、電力傳輸網路相繼問世，組裝線及大量量產的工廠開始出現，建立了現代化的鋼鐵業。無線電報與有線電話的誕生改變了人們溝通的方式，也標誌著全球化的里程碑。

　　此外，內燃機催化汽車的誕生，改變了人們的移動交通方式，也大幅提高了工業的生產力。對汽、柴油的需求帶動了煉油

產業的發展，進而從石油提煉各式各樣的化學物質，帶動了塑化產業的發展。

第三次工業革命則是資訊革命，始自1945年第一台電腦ENIAC（Electronic Numerical Integrator And Computer）於美國賓州大學誕生。二戰後的真空管電腦在1950年提升為電晶體電腦，1964年IBM推出System/360系列大型主機，讓電腦正式進入大型主機時代，此時也開始採用了低集積度的小型積體電路來取代分立式元件。

1970年代下半期，不需技術專業、一般企業與家庭均可使用的微電腦問世，包括Apple II、TRS-80及Commodore PET等暢銷機種，但這些都是各家專屬架構的電腦，直至IBM在1981年推出採開放系統的個人電腦，使用了Intel 16位元8088微處理器及微軟的DOS作業系統，電腦才真正形成新的風潮。這個處理器採用3微米製程，集積了29,000個電晶體，採40針的DIP封裝。此後Wintel架構就主導著個人電腦的發展，台灣藉由低廉製造成本及具有優秀工程師為後盾，以專業分工模式將個人電腦、板卡與眾多周邊分而治之，在雙北到新竹間形成了產業群聚，台灣的電子科技業也開始承接大廠訂單，逐步成為世界級規模的業者。

1990年12月Tim Berners-Lee在瑞士日內瓦歐洲核子研究組織（CERN）發明的全球第一個WWW網站上線，為資訊革命創造新一波突破性發展，網際網路揭開了序幕。1994年Yahoo！與

Amazon 成立，1998 年 Google 與騰訊成立，1999 年阿里巴巴成立，2000 年百度成立，這些 Web 1.0 的龍頭業者在發跡時仍是以個人電腦爲主要的連網載具。

2001、2002 年 3G 行動通訊的 WCDMA 與 CDMA2000 業者相繼開台，2007、2008 年 iPhone 及 Android Phone 接連問世，帶來了資訊革命的新一波浪潮，從此智慧型手機取代個人電腦成爲全球民衆 24 小時不離身、最親密的資訊電子產品，在 2004 年成立的 Facebook，也成爲手機社交應用的王者，網際網路進入了 Web 2.0 時代。

我們現在所處的這個時代，有些人視爲第四次工業革命，另有些人視爲是資訊革命的延伸，但不論如何看，特徵都是以「數據」做爲經濟發展驅動力的「數據」經濟時代。

數據經濟發展是基於一波波的數位科技發展所逐步堆疊起來的，人們開始學習以超越傳統數據應用的格局，處理龐大複雜數據集以從事分析與應用，這個被稱爲大數據的新觀念，正在影響我們每一個人。更多使用者透過網路連上遠端資料中心，從事運算或存取備份，而在公有雲服務業者的基礎設施上，有大量第三方 SaaS 業者不銷售套裝軟體，而採用訂閱模式提供各式各樣的應用服務，這就是所謂的雲端服務。

至於在各類裝置嵌入感測器、處理器及有無線通訊介面，讓不同裝置間可互相共享數據而形成的物聯網網路，也是正在演化

的應用科技。人們透過大數據資料集，及大量運算資源所支持的機器學習及深度學習演算法來從事各類預測應用，領域包括電腦視覺、語音辨識、自然語言處理等；而5G行動通訊與4G相較，提供了更高速傳輸（大頻寬）、更低時延（low latency）或更多節點同時連線的應用，都是今日顯學，也是企業增長的核心動能。

目前全球市值最高的前十大企業中，占多數的是被稱爲網路巨擘的科技平台業者，包括美國的蘋果、微軟、Google、Amazon、Meta及中國的騰訊。無論是人聯網或物聯網，都服膺於與摩爾定律齊名的「麥卡菲定律」（Metcalfe's law）。

「麥卡菲定律」指的是一個網路的價值與聯網節點數的平方成正比，簡言之就是網路節點愈多，價值愈高。隨著網路規模的擴大，每個節點（用戶）所獲得的效益呈平方增加。這些業者經營2C平台（如iOS、Android、Facebook）與2B平台（如AWS等公有雲），一端連結開發者（應用服務供應者），另一端連結使用者（消費者與企業），在網路效益下持續做大，以2C平台來說，甚至達到10億人口以上的用戶規模。而在數據經濟時代，這些網路巨擘也成爲擁有最多使用者數據的業者

憑藉高市值，這些業者得以持續吸引優質人才投靠，投資與購併公司以及砸重本在研發上。《經濟學人》指出，排名前五名的網路巨擘（Big 5），包括蘋果、微軟、Amazon、Google與Meta在內，都緊盯競爭對手，基本上「Killer Acquisitions」比

「Killer Applications」重要，創新與競爭兩字的意涵，在新的時代已經跟以往大不相同了！

但 R&D 仍是這些業者的關鍵作為，加上租稅的獎勵，光是美國在 2020 年的研發支出就高達 7,130 億美元，而 Big 5 在 2021 年的研發支出是 1,490 億美元，占營收比重從 9% 增加到 12%。除此之外，Big 5 的資本支出也十分驚人，而且大部分集中於數據中心。以 AWS 為例，光是資本支出就是 1,310 億美元。2021 年 Big 5 的研發加上資本支出是營收的 53%，而 S&P 五百大企業的平均值是 32%。這當然與 Big 5 的經營規模息息相關，2022 年初 Big 5 的市值就已經高達 9 兆美元，較 2015 年成長了 3 倍。

過去的科技公司，例如 Bell Lab. 是為了創造未來而創新的，現在的網路巨擘卻為了長久生存，或者並非現階段的需要而創新。為了重新掌握年輕族群，臉書改名為 Meta，蘋果、Google 在未來車的發展不會缺席，我們可以從他們發表的研究報告中去理解未來的科技大勢。

蘋果的研發除側重新手機之外，也積極轉移到 MR 等新設備上；AWS 則是試圖改善核心運籌事業的效率，也積極說服企業轉移到雲端服務。除了無所不在，難以歸類的人工智慧，未來車、智慧醫療、生物科技、機器人、太空科技等與 Big 5 起家的主流事業相關的領域，都在 Big 5 的雷達範圍之內。

蘋果購併 Drive AI、微軟購併 Wayve，這些都是早期自駕車

的計畫。整體而言，Big 5 在自駕車的投資占 9%，比創投業的 2.4%
高出很多，而在所謂的前瞻科技（Frontier Tech.）領域，Big 5 投
資比重 37%，占整個創投界大約 25%，很明顯的出現落差。

這些業者除了水平擴張外，也仿效蘋果在硬體裝置、軟體平
台、應用服務的高度軟硬整合以提升用戶體驗的營運模式，提供
硬體產品、主導硬體規格、從事關鍵 IC 的研發與導入，從而大
幅改變科技產業上下游的生態。

這些網路巨擘未來會在消費者端與企業端持續坐大？繼續引
領科技進展與產業發展？或是會遭各國監管、分拆？或是爲其他
業者在某些需求與應用領域取得獨占或寡占優勢，再而逐步顛覆
地位呢？不論如何，觀察這些業者的動態，絕對是掌握未來科技
產業發展趨勢的關鍵所在！

第二章
從產品驅動到應用驅動

5G 的基礎建設大致已經到位，智財權第一大廠 ARM，在物聯網的新時代高唱應用驅動，ARM 具有低功耗優勢，正迎來巨大商機；伺服器大廠中，惠普、戴爾不再追求交貨量，而是更重視下游市場端，以軟硬整合帶來的應用商機。在網路世界具有優勢的網路大廠，也有異曲同工之處，AWS、微軟、Google、IBM 等公司都積極布建數據中心，為的就是應用驅動時代的來臨。

在個人電腦與行動通信時代，誰先訂出技術規格，並承諾生產良率與成本，就可能贏得大廠的訂單，這是所謂的產品驅動時代。為了提升效率，建構更有效率的生產體系，這是線性供應鏈的時代，由上而下，大廠主導的產業格局非常明顯。手握訂單的電腦、手機大廠，甚至可以在網路上開放競標。

隨著中國於 1988 年公布《國務院關於鼓勵台灣同胞投資的規定》，及台灣 1990 年公布《對大陸地區間接投資或技術合作管理辦法》，並從 1991 年正式開放赴大陸投資，兩岸都在制度上有所開放且促進台商投資大陸，進入「兩岸合，產業興」時期。

台商把量產經驗帶到中國，中國提供土地、人力與廉價的社會成本，讓產品驅動的時代一路暢行，而全球供應鏈也在有利大環境下共蒙其利。

1988 年，郭台銘在深圳開設了一家百餘人的工廠，公司名為「富士康海洋精密計算機插件廠」，1996 年進一步在深圳龍華開建富士康深圳龍華科技園區，至 2005 年台灣最後一條筆電生產線大眾電腦產線移往中國大陸，台商先從廣東，再到華東，建立了個人電腦及周邊的完整供應鏈，其後再進一步擴散至成都、重慶，中國逐步成為世界工廠，台灣產業西進造成產業空洞化的現象也漸趨明顯。

從 2008 年金融海嘯之後，全球政經格局出現變化。中國超越日本成為全球經濟第二大國；iPhone 啟動了智慧型手機時代，AWS 與 Google Cloud Service 相繼推出，則預告著下一波數據經濟時代的到來。2008 年，全球市值前五大企業是 Exxon 石油、GE、微軟、AT&T 及 P&G，科技業者僅微軟憑藉在 PC OS 及生產力軟體（Office）寡占地位所帶動的高估值躋身前五。到了 2018 年，全球市值前五大企業則依序是蘋果、Google、微軟、Amazon 及 Facebook，10 年內就完成了時代典範的移轉。

中國在出口帶動的強勁經濟動能下，內需市場高速成長，在科技產品與服務市場，也興起了以國內市場驅動雙向應用的新潮流。人口眾多的中國，以手機為平台，建構了一個網路大國，也

為應用驅動帶來與西方世界截然不同的新動能。

　　就在新商機醞釀的同時，美中兩國在國際政治上的角力浮上台面。中國人高估美國對另一強權崛起的容忍度，而日本更明白，崛起的中國與老齡化的日本，將是個明顯的對比，加上俄羅斯在東歐攪局、牽制，這幾個大國之間相互包容，讓全球供應鏈穩定運轉的時代已如明日黃花。

　　在網際網路及智慧型手機的人聯網時代，彰顯了使用者數據的價值，Google 與 Meta 是科技公司沒錯，但其真正的市場定位是「數位行銷公司」。透過各式各樣的免費服務，如 Google 搜尋、gmail、Google Map，或 Meta 的 Facebook、Instgram，讓數以 10 億計的消費者使用，取得鉅細靡遺的線上使用者數據，可達到過去其他行銷平台做不到的精準行銷，讓全世界的廣告主趨之若鶩。當享受各式各樣免費服務時，其實你就是那個商品！

　　現在的時代，是萬物連網的時代，使用者數據擴大到各行各業及各個大城小鎮所使用的機器設備、裝置、交通載具的數據，大到飛機船艦，小到家戶電表。個人電腦時代單賣硬體及套裝軟體的時代過去了，為了持續收集使用者數據，供應商與消費者不能只是一次性的買賣關係，而是要透過網路雲端提供的訂閱服務，像是水電及電話費般自動扣款，細水長流。供應商處心積慮地設想一個又一個的使用者應用情境，打造各式各樣的解決方案與服務來解決消費者及企業的「痛點」，或是增加他們的「爽

點」。在服務提供的過程，隨著應用情境的增加與使用者數目的成長，使用者數據愈累積愈多，成爲業者在數據經濟時代最重要的資產。

在這樣的商業模式裡，採訂閱制的應用服務包含了硬體、軟體，以及對使用者的支援服務。硬體不再是主角，而是成爲整體服務的一環，但硬體還是落實各式各樣應用服務的實體載體，因爲沒有好的硬體就不可能有好的使用者體驗。

接下來的時代，是自駕車、物聯網、智慧應用驅動的新時代。以網路巨擘爲首、掌握終端客戶的業者需要更好的供應鏈來配合。量產大廠繼續保有經濟規模的優勢，這是毛三到四（毛利率 3% 到 4%），但不能犯錯的供應鏈體系。我們也不認爲會有太多新進廠商可以在這塊領域翻雲覆雨。中國的京東方、藍思、聞泰才成爲蘋果供應鏈，沒多久就在美中貿易大戰與中國封城的驚濤駭浪中落馬。這對印度、越南等新興國家而言亦是一個警訊，而我們也看不出新興國家具有類似台灣的機遇與條件。

台灣對產業經營、量產管理、資本運作、生態系的熟悉程度，都不是其他東協、南亞國家可以相提並論的，反倒這些國家應與台商合作，在東協、南亞新興市場迎接在地市場驅動的應用商機，並善用台商的供應鏈，提升效率、降低管理風險。

而在科技供應鏈中，半導體乃是重中之重，爲了國家安全與供應鏈安全，美國、中國、日本與德國等大國都希望在自己國內

有更高的掌握度，美中網路巨擘為了在數據經濟時代掌握更大的主導權，不僅推出更多自研系統產品、採用更多的 IC，內部也有愈來愈多的自研 IC 落地。以台積電為首的台灣產業地位上升到了前所未有的高度，既是拉攏對象，卻也懷璧其罪，成為各國想要縮減先進製程落差、避免單一供應源的鎖定標的。

第三章
半導體龍頭企業的戰略分析

　　2021 年中，全球十大半導體公司的營收總額為 4,001 億美元，大約是半導體工業總產值的 45%，而十大公司的市值更超過 2.2 兆美元，這也是除了蘋果、Amazon、Google、微軟等網路巨擘之外，另一類被資本市場推崇的戰略型產業。在半導體十大公司中，規模最大的三星營收為 820 億美元，其次是英特爾的 790 億美元，而台積電以 568 億美元排名第三。這 3 家公司也是至今為止最積極布局 7 奈米以後先進製程的 3 家公司。

　　我們知道 ASML 的 EUV 設備 90% 以上投入了晶圓代工事業，因此可以輕易理解晶圓代工事業是半導體業的主戰場，而台積電躬逢其盛，在 2022 年開年時，以 5,589 億美元的市值領先英特爾、三星兩家公司，其市值更幾乎是另兩家公司的總和。

　　除此之外，台積電的毛利率、營收在 2022 年第二季超越英特爾，黃金交叉之後，台積電將成為全球僅次於三星的第二大半導體公司。如今想要在半導體產業稱孤道寡，就必須在晶圓代工市場上搶占戰略高地。英特爾一方面宣布將委託台積電代工，也

將以 IDM 2.0 的策略參與晶圓代工事業的角逐。

台積電主要客戶之一的輝達，公開宣布使用台積電 4 奈米新製程的產品上市，也說不排除使用英特爾的晶圓代工製程。這種敵友難分的產業關係，讓大家在觀察產業界競合關係時，更覺得撲朔迷離。

不僅如此，三星標示要在 2030 年之前成為全方位的半導體領先大廠，欲除之而後快的對手就是台積電。彼此之間的競爭，從製程、良率、設備投資橫跨到客戶關係與代理人戰爭的經營。當 SONY 將影像處理（CIS）的解決方案交給台積電時，亟欲在CIS 領域打敗 SONY 的三星，決定將更多驅動 IC 的產品委託聯電代工，聯電在 2022 年第一季的毛利超越 40%，獲利將近 200 億元，其中也有不少是三星的貢獻，這種結合次要敵人打擊主要敵人的戰略，在半導體業頂級市場的競爭裡也是屢見不鮮。

半導體王者：英特爾

在半導體的世界裡，飛捷是創始於矽谷的半導體公司，但來自飛捷的幾位英特爾創辦人，真正建立了半導體行業的典範。英特爾猶如擁有武功祕笈的少林寺，是所有半導體業菁英嚮往的殿堂。1970 年代開始引領風騷的英特爾，初期以記憶體取勝，到1980 年代推出的 X86 系列微處理器，與微軟的視窗軟體共構個人電腦時代無可替代的基礎架構。在葛洛夫領軍的 1990 年代，英

特爾擁有睥睨天下的地位。

一、英特爾尋求脫困之道

以王者之尊在半導體領域中具有領先地位的英特爾，總是在不同節點的技術世代中率先突圍，在進入 10 奈米等級的競爭時，領先訂出最具企圖心的規格與技術進程；但在 10 奈米世代，英特爾不理會相關製程設備尚未完備的警告，一馬當先地試圖突破技術障礙，不料馬失前蹄，在這個世代的技術推進過程中一延再延，也給了台積電挑戰全球頂級地位的契機。

近年來，半導體先進製程的命名是一回事，實際的線寬與元件性能是一回事。根據英特爾、台積電、三星這 3 家擁有尖端製程的企業所發表的數據，在 10 奈米世代，台積電每平方毫米的電晶體數量是 5,300 萬顆，三星是 5,200 萬顆，兩者在伯仲之間，但英特爾定義的規格是每平方毫米 1.06 億顆，甚至比台積電、三星 7 奈米的規格更先進。顯然英特爾想以較高的晶片密度取勝，市場也普遍認知英特爾定義的晶片技術高於台積電、三星一個世代，也就是英特爾的 10 奈米世代，大約與台積電、三星的 7 奈米相當。可惜製程一再卡關，新發布的 CPU 性能只是微幅改善，甚至被戲稱為一次擠一點點的「擠牙膏廠」。

市場上要見證的是實際可行的產品，尤其是 IC 設計大廠都是灌注所有的資源，無法面對生產延誤、低良率的風險，英特爾的先進製程反倒成為超微、輝達等公司挑戰英特爾霸業的機會。

趁著英特爾的製程進度一延再延，超微與輝達都與台積電緊密合作，利用台積電的先進製程與高良率，在挑戰英特爾霸業時，全力在產品上精益求精，在市場上擠壓英特爾的市占率。

英特爾與台積電在技術規劃上最大的不同是驕傲的英特爾定義出無懈可擊的技術規格，但台積電則穩紮穩打，以頂尖市場的保守規格擁有最佳的良率，進而取得了市場客戶的信賴。

2022 年上半年，7 奈米、5 奈米是台積電主力的技術世代，營收貢獻率高達一半，而台積電也在 2022 年下半年試產 3 奈米的產品，並將在 2023 年實際量產 3 奈米的製程。台積電不僅好整以暇地等待競爭者突破技術，更關鍵的是客戶為了爭取有限的最高製程產能，甚至採取預付款、長約包下未來的產能。

這對台積電而言，不僅掌握了未來的客戶，建構先進製程所需要的資本也已經超前部署，而且可以攤提設備成本，因此想用傳統的方法打敗台積電，可謂是難上加難。這也是張忠謀之所以能驕傲地說，競爭者至少得花上 10 年、20 年才有機會挑戰台積電霸業的原因。

半導體產業的三大競爭要素是「製造能力」、「客戶結構」、「生態系」。台積電在製造能力上顯然擁有一個世代以上的領先，在客戶結構上「不與客戶競爭」的晶圓代工業 DNA，也比 IDM 的業者更有說服力。至於生態系的競爭要素，我們要探索的就不僅僅是產業本身的議題，也要掌握地緣政治與 ESG 等問題對這個

行業的影響。

　　由於台積電擁有先進製程的市場占有率，也以非常具有企圖心的資本支出預先鋪排新世代製程的投資與研發，對半導體設備廠、材料廠，甚至核心客戶，存在不緊跟在後就可能掉隊的壓力。想在未來商機、核心策略上挑戰幾乎無懈可擊的台積電，很可能顧此失彼，甚至陷入「Stuck-in-the Middle」的陷阱中。三星傳出重新布局成熟製程的傳言便是例證。但多年來一直都是產業王者的英特爾，不斷向國際社會，甚至美國國會訴求在台積電之外建立生產體系的重要性。那麼英特爾有幾種可能挑戰台積電，甚至防堵三星、超微、輝達、蘋果在背後偷襲的可能性呢？

　　我們認為撇開政府干預不談，打敗台積電有幾種方法。第一，透過購併手段，買下台積電的客戶與IP/EDA公司，用軟體包抄，避開生產製造的高難度挑戰。第二，重訂規則，以「綠電」

晶圓製造產業的三大競爭要素

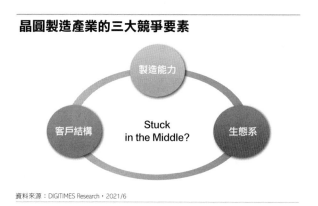

資料來源：DIGITIMES Research，2021/6

取勝。如果我們知道英特爾的排碳量只有台積電的 55%，而且多數使用綠電，台積電怎能掉以輕心？第三，結合市值上兆美元的網路巨擘，挑戰更高難度的車用與人工智慧商機。

所有的半導體產品在制定技術與規格之初，必須依照設計工具或矽智財公司的技術規範來進行。全球設計工具的供應商共有 200 多家，但新思、益華這兩家公司合計的全球市占率過半。由於設計工具業者的競爭，也牽涉到工具的完整性與服務布局，兩家寡占的格局，在過去 20 年中除了明導國際被西門子購併之外，並沒有太大的改變。矽智財業者 ARM，2021 年的營收為 27 億美元、全球超過 40% 的市占率最具影響力。無論是設計工具或矽智財的寡頭現象，都有利於英特爾布局收購，或取得獨占的地位。

ARM 在幾年前被日本的軟銀收購，輝達希望購併 ARM，但功虧一簣。軟銀繼續拋出求售的訊息，SK 海力士希望組織幾家公司聯手購併這家成交價可能高達 600 億美元的 IP 大廠，其後英特爾與高通也表達積極意願。ARM 究竟花落誰家，勢必影響產業的生態系。英特爾會出面收購 ARM 嗎？或者英特爾會與 EDA 設計業者進行更深度的合作嗎？這些都是英特爾在策略變革上可以找到的一些路徑。

過去的英特爾是個系統整合元件製造大廠，自己設計產品、自家工廠生產製造，但在技術進展受挫，多方受敵的壓力下，英特爾執行長季辛格提出 IDM 2.0 的策略，除了強調過去的設計與

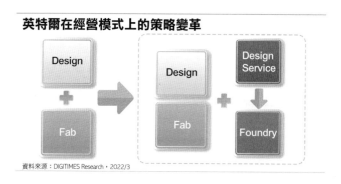

英特爾在經營模式上的策略變革

資料來源：DIGITIMES Research，2022/3

工廠管理能力，也將結合設計服務進軍晶圓代工市場。我們一方面必須理解英特爾宣示在歐洲投資 800 億歐元建構先進製程產能之外，甚至要在義大利等國布局先進封測技術，而英特爾強調「設計服務」的概念，背後必然有設計工具與矽智財上的考量。

　　其實 EDA 業者都與台灣高科技產業有很深的淵源。排名第一的新思科技共同執行長陳志寬在 2022 年 5 月退休，他是出生台北大稻埕的台裔成功人士；排名第二的益華科技共同創辦人黃炎松則是交大畢業的傑出校友。據新思科技亞太總裁李明哲說，台灣分公司不僅是全球員工人數僅次於總部的主要基地，統管中國以外的亞洲業務之外，高階主管中來自台灣的 Howard 何、Paul 徐都是資深副總裁，而陳志寬在退休之後，還有意協助台灣建立一個培養高階設計人才的基地。益華的台灣總經理宋柏安畢業於清華大學，益華雖是由新加坡裔的總裁掌舵，但也與台灣常有往來。這個行業的高階主管中，華裔比例不低，但這也可能是中國

發展半導體產業的一大障礙，而牽涉到地緣政治等非產業因素的競爭時，EDA 行業內的各種購併或技術交流活動，也會受到更嚴格的檢視，新思與中國之間的技術往來受到美國商務部調查就是一例。英特爾在這種氛圍下，卻可能占有最有利的地位。

如同前述，包括蘋果、Google、Amazon、微軟，甚至特斯拉，這些網路科技巨擘動輒上兆美元的市值，加上未來在量子技術、人工智慧、未來車上的前瞻布局，與英特爾建立長期的戰略聯盟，在更先進的晶片技術上，挑戰記憶體內運算（In-memory Computing）、神經網路晶片等技術時，無論是在資金或人才上，都可能對台積電造成威脅。

二、半導體是用電大戶，溫室氣體的結構大有玄機

在溫室效應受到全球矚目的今天，溫室氣體（Greenhouse Gas, GHG）是現代企業的經營責任，也是壓力，但這個壓力逐漸成為未來的成本與風險，也演化為公司競爭策略中重要的一環。台積電是由負責歐亞業務的資深副總經理何麗梅擔任 ESG 委員會主委，何麗梅過去是財務長，對於成本結構與業務狀況非常熟悉，這可能也是她被指派擔任這個要職的原因。

根據韓國媒體的報導，全球主要的半導體公司中，台積電的總排碳量是 1,550 萬公噸，高於三星的 1,250 萬公噸，以及英特爾的 830 萬公噸。由於在三星的財報中並未揭露半導體部門的排碳量報告，因此我們只能依據台積電、英特爾這兩家純半導體製造

業的排碳量，對比彼此的差異。英特爾的營收是 790 億美元，是台積電 568 億美元的 1.4 倍，但英特爾的排碳量僅僅是台積電的 54%，兩者之間為何出現這麼明顯的差距？

從下圖中可知，在 Scope 1 與 3，兩家公司差距有限，但只有 Scope 2 有很明顯的差異。所謂 Scope 1 是指公司直接使用石化燃料產出的溫室氣體，Scope 2 是指間接使用石化燃料產生的溫室效應，主要指的是耗電量產生的溫室效應，而 Scope 3 則是其他因素產生的溫室效應。基本上，在 Scope 1 與 3，台積電與英特爾差距不大，但唯獨 Scope 2 中，台積電的排碳量是 750 萬公噸，而英特爾僅有 90 萬公噸。

這個差異主因是在台灣的電力結構中，綠電的比例較低，以及台積電使用耗電量較高的製程所致。據悉，台灣每度電的碳排

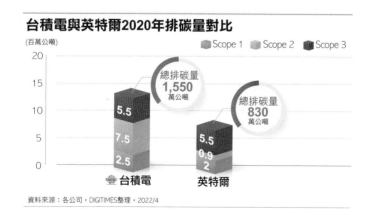

資料來源：各公司，DIGITIMES整理，2022/4

放是 583 克,而美國是 380 克,以 Scope 2 台積電的 750 萬公噸對比英特爾的 90 萬公噸,可以知道英特爾的綠電比例遠遠高於台積電;更關鍵的是台積電大量使用高耗電的 EUV 設備。全球 7 奈米、5 奈米的先進製程有 90% 以上產出來自台積電,若不使用 EUV 設備就沒有這些先進製程的產出。在台積電的勝利方程式中,EUV 設備不可或缺,但這也導致台積電在 Scope 2 上,產出比英特爾高出很多的溫室氣體。

由於英特爾在 2022 年之後才會導入 Intel 7 的製程,因此估計 2021 年的碳排數字不會與 2020 年有太大差異,甚至因為台積電在高階製程上的進展,以及擁有過半的 EUV 設備,台積電在排放溫室氣體的議題上可能面對更大的壓力。然而,這個問題不會只是台積電獨有。台灣以量產製造為主,生產過程的排碳量以及台商返台生產的風潮,當溫室氣體成為市場競爭關鍵時,能源高度仰賴進口的台灣電力政策必然遭遇更嚴厲的挑戰。

市場獨走:台積電

全球的晶圓代工市場在 2021 年首度突破 1,000 億美元,台積電遙遙領先,連美國總統拜登在演講時都以台灣為例,強調台灣在全球供應鏈中的關鍵地位。美國商務部部長雷蒙多也說,美國 70% 的尖端晶片來自台灣,台積電到美國設廠,美國也有國防上的考量。

　　張忠謀當年創辦台積電時，不止英特爾的葛洛夫不看好，連國內參與投資的企業集團都是在政府道德勸說的壓力下，心不甘情不願地掏錢參股。從 1987 年到 1998 年亞洲出現金融風暴之前，台積電也只是表現傑出的一家台灣公司而已。1998 年之前的台積電，強化的是內化的功夫，張忠謀開會時經常掛在嘴邊的一個字是 Integrity（誠信），明確的企業定位、優秀的人才，累積出不錯的競爭優勢，但當時台積電仍只是眾多晶圓代工廠之一，台灣人經常以「晶圓雙雄」描述在台灣土地上生根發芽的台積電與聯電，而晶圓代工這一行，也只有台灣人深溝高壘，全力以赴！

一、危機入市，擴大領先差距

　　2000 年前後，全球半導體產業出現新的格局。亞洲金融風暴之後的韓國，更專注在記憶體產業，張汝京在中國政府協助下創辦中芯國際，無論是累積的技術、生產規模都還難望其項背，唯一能對台積電造成威脅的是台灣本土的聯華電子。由曹興誠、宣明智領軍的聯電也是一家傑出的半導體製造廠，只是當時聯電希望透過培養自家的 IC 設計公司，強化在不景氣時的彈性因應能力。包括聯發科、聯詠、聯傑等多家 IC 設計公司就是在這樣的背景下成立，這與台積電堅守立場，不與客戶競爭的策略出現了差異。

　　這段期間台積電開始針對半導體製程進行更深入的研發與布局。起初，只有 200 人的研發團隊，分成 8 個小組，針對不同的

製程進行技術研發與精進。台積電與聯電不同的策略，形成了不同的競爭優勢，2000 年之後，台積電逐漸拉開了與聯電的距離，各種製程的開發與多元的服務，成爲其致勝關鍵。

2009 年世界金融海嘯之後，台積電加碼投資，甚至以壓倒性的資源「梭哈」了全球的晶圓代工業。2008 年金融海嘯期間，全球的半導體產業再度出現了關鍵轉折。台灣記憶體大廠總計的銀行債款高達 4,000 億元，韓國的海力士奄奄一息，三星玩起膽小鬼遊戲，將重心放在記憶體，光是 2007 與 2008 年這兩年資本支出的成長率便高達 36% 與 23%，狠狠地拉開與競爭對手的差距。但三星在記憶體之外也不敢造次，這樣的大環境給了台積電一個千載難逢的機會，台積電也善用這次的契機，成爲獨步全球的晶圓製造龍頭。

張忠謀在玉山科技協會 20 週年晚宴中的演講說，他是個「學習曲線的信仰者」（Learning curve believer）。張忠謀拿出 1974 年他擔任德州儀器副總裁主導半導體業務時的策略跟大家分享：那時在接受媒體採訪時他曾提到，德州儀器在 TTL（Transistor-transistor logic，電晶體－電晶體邏輯電路）這個領域領先全球，但德州儀器將繼續砍自家產品價格，以維持足夠的價格競爭力，準備讓競爭者望塵莫及。張忠謀一直相信，領先者可以定義市場，晶圓代工也許不是半導體業的全部，但已經大到可以讓台積電找到一個很好的支點。張忠謀等待的就是一個全力出擊的機會。

　　張忠謀自言「唯有創辦人可以定義市場」，其領導的台積電，
真正意義地定義了市場的價值，也幫台積電取得了超額的利益。
從 2009 年開始，台積電加碼投資，每年發布的資本支出政策成
爲各界矚目的焦點。我們看得出台積電將資本支出做爲「戰略武
器」的強大企圖心與勇氣，這也是全世界極少數的經典範例，而
這個範例就出現在台灣。

　　2015 至 2018 年間，台積電的資本支出大約都在營業額的三
分之一左右。到準備進入 7 奈米，導入 EUV 設備的 2019 年之
後，比例提升到 40% 上下，到 2021 年時，台積電的董事長劉德
音甚至宣示要在未來 3 年內，累積投入 1,000 億美元的資本支出，
亦即台積電的資本支出將達營收的 50% 以上，而實際上台積電在
2022 年的資本支出 410 億美元，更可能高達營收的 55%。一般人
看到這個數字可能無感，但如果對照台積電的市占率，以及與其

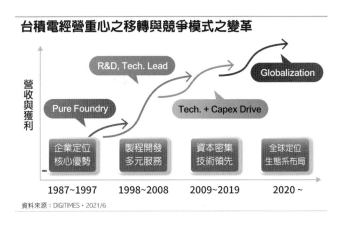

資料來源：DIGITIMES，2021/6

他競爭者之間的差距，就可以理解張忠謀所謂「學習曲線」的意義了！

由於在事業經營模式的突破與資本市場的肯定，台積電的市值在過去 10 年成長了 6.4 倍之多。2012 年時，台積電的市值僅有 870 億美元，但到 2015 年有 1,100 億美元的市值，2019 年已經接近 3,000 億美元，2021 年更曾一度攀上 6,000 億美元的高地。台積電史詩等級的經營經驗，成為台灣非常特別的成功案例。

我們估計，台積電 2022 年在全球晶圓代工市場上的占有率是 52%，營收約是第二名三星非記憶體部門營收的 3 倍，但如果以三星外接的晶圓代工訂單，彼此之間的差距更可能是 5 到 6 倍之多，亦即三星如果要與台積電平起平坐，就要有台積電的投資

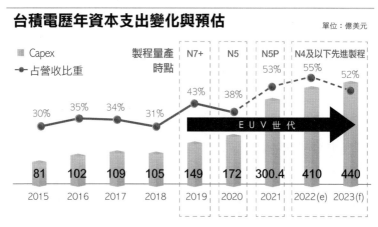

台積電歷年資本支出變化與預估　　　　單位：億美元

註：台積電2022年資本支出預計400~440億美元，因設備交期加長，預估2022年資本支出為410億美元。
資料來源：DIGITIMES Research整理，2022/6

格局，否則根本是緣木求魚。

　　這不僅是經濟規模上的落差，研發團隊的投資亦然。台積電通常以投資營收的 8% 做為研發預算，三星非記憶體部門如果要有台積電的規模，那就要拿出營收的 24% 才有可能，何況台積電是領先者，競爭者在仰攻的過程中，想的是「彎道超車」的可能性，但現實上彎道翻車的可能性更高。台積電好整以暇，但競爭者準備好了嗎？

二、台積電動見觀瞻

　　現在台積電真正的課題是全球化的布局，這牽涉到國際關係。台積電進行全球化經營時必須審慎考量，甚至找出一條可長可久的戰略，再一次將競爭者遠遠拋在後頭。在全球化布局的過

過去10年台積電市值變化
單位：10億美元
市值成長6.4倍
87　114　115　110　146　199　191　287　488　560
2012　2013　2014　2015　2016　2017　2018　2019　2020　2021
資料來源：DIGITIMES，2022/3

程中，很多國際關係的掌握、優先順位的考量就不是傳統決策流程可以完備的。

以 2022 年春爆發的烏俄大戰爲例，大戰兩週後，烏克蘭副總理要求華碩撤離俄羅斯，並高舉「科技不該爲戰爭服務」的大旗，這對尊崇西式民主，但過去並不參與國際事務的台灣人而言，其實是一個新的課題。

華碩與宏碁在俄羅斯經營多年，動輒撤出俄羅斯不僅是當年度商業上的損失，而且也牽涉到股東權益、未來的商機，甚至是意識形態的選邊站等多元考量。華碩在被耶魯大學點名兩天後做出聲明，包括暫停業務，以及捐助 3,000 萬元台幣給流離失所的烏克蘭難民。這個聲明或許不能讓所有人滿意，但確實已經幫台灣人或台灣企業上了一課，未來面對類似的課題時，台灣人應該如何因應。在經營國際關係時所需要的政經知識，可能是所有的企業在全球面對美中 G2 格局時難以迴避的問題。

除了全球定位與布局之外，半導體這個行業的生態系、客戶關係也都在改變中。台積電與三星競爭蘋果應用處理器商機的過程膾炙人口，以 2021 年蘋果電腦占台積電營收 26% 估算，蘋果大約貢獻台積電 148 億美元的營收，如果再考量台積電的附加價值率爲 65% 的話，來自蘋果的訂單總共可以創造出 96 億美元的附加價值，而這個數字大約等於台灣 1 年 GDP 總值的 1.2%，如果也加上蘋果下單到台灣其他公司的貢獻，光是蘋果一家公司，

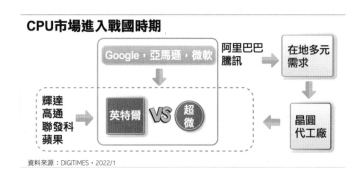

資料來源：DIGITIMES，2022/1

對台灣 GDP 的貢獻值可能高達 2%，也就是大約等於宜蘭 46 萬縣民對台灣 GDP 的貢獻值。

　　台積電統攬蘋果的訂單，並不只是這個訂單本身的價值，取得蘋果的應用處理器訂單，意味著台積電能以最佳的性價比取得全球最大、價值最高的訂單，這也讓其他科技業者在考量旗艦產品時，更會將台積電列為優先考量。在微處理器市場上仰攻英特爾的超微，善用台積電的生產優勢撼動英特爾的市場地位，在超微節節上升的市占率中，台積電證明了自己的價值。從 10 奈米、7 奈米、5 奈米，以及在 2022 年下半開始量產的 3 奈米產品，台積電也讓輝達、高通、聯發科等業者更相信台積電的製程能力，是挑戰全球頂尖市場的重要助力。

　　除了全球頂級的 IC 設計業者趨之若鶩之外，包括 Google、Amazon、微軟等網路巨擘在發展新世代晶片時，當然也會以不與客戶競爭的台積電為首選合作伙伴，這樣的情況也影響了中國

的網路巨擘，甚至未來各國新興業者在布局晶片事業時最重要的指標公司。

現在英特爾執行長季辛格推出 IDM 2.0 的戰略，要讓英特爾重返榮耀，而張忠謀說季辛格只有 5 年的時間，但他能打敗飛逝的光陰，或者台積電已經站穩的地盤嗎？英特爾強調將在 2024 年追上競爭對手，甚且推出 18A 的技術，以所謂的埃米（1 奈米等於 10 埃米）技術重新定義市場。

搭配技術進程，英特爾從 10 奈米、強化版的 7 奈米技術，一直到 3 奈米、2 奈米都有非常明確的進度，甚至宣示要與日本合作 2 奈米的技術。但過去英特爾不斷延誤的技術進程，也證明了就算是世界頂級大廠，也不一定能按部就班地按照理想進度推出各種商品。對很多頂級的大客戶而言，在台積電之外尋找新的製程伙伴，意味著超額的投資與意料不到的風險，這在高強度競爭的市場區隔中，恐怕也不是客戶願意承擔的壓力。

面對未來，台積電不可能高枕無憂，除了不斷提醒社會，台積電需要更多的人才、乾淨的能源，在先進技術的布局上，台積電更積極徵聘量子技術與記憶體相關人才，目的是在面對創新型技術帶來破壞性的創新。

其次，如何防杜三星與英特爾突襲，例如買走歐系的車用半導體大廠，釜底抽薪地搶走台積電的客戶？這當然是可能的作為，但顯然在各國都將半導體產業視為策略性工業的政策下，這

個難度會愈來愈高。在排碳與地緣政治等非台積電所長的議題上
深入布局，也許才是眞正的策略考量。

　　至於歐美大廠，對台積電而言也有兩個不同的意義。在連
網時代領先的蘋果、Google、Amazon、微軟、Meta 這些企業都
需要在先進製程上擁有長期、可以信賴的合作伙伴，而歐美的汽
車大廠也希望在半導體供源上有更多的選擇或高端晶片的合作伙
伴。對台積電而言，5 至 10 年內應以美歐日系業者爲主的策略伙
伴，但長期而言，仍須研議與印度等新興國家的關係。

　　針對各種可能的威脅，台積電在水平分工與垂直整合上會進
行哪些布局？從分工的角度，台積電可以補強日本在先進製程上
的不足，而日本在記憶體、材料設備工業以及市場需求端，都是
台積電長期可以合作的戰略伙伴。特別是台灣的企業以「無害」
（Harmless）聞名，存在於 DNA 的是以客爲尊的心態，對日本
而言，在與中美韓企業對比時，台灣的企業仍是最佳的選擇。

　　整體而言，台積電超前部署的資本支出，在製程、良率上
取得壓倒性的領先優勢，並在客戶服務上強調不與客戶競爭，這
是三星、英特爾等挑戰台積電霸業的科技大廠很難自圓其說的軟
肋。簡而言之，台積電內部的經營風險，遠高於外部的市場風險，
只要台積電能降低人才、水電、地緣政治的風險，台積電依然是
全球最頂尖的晶圓製造廠。

垂直整合的典範：三星電子

　　成立於 1969 年的三星電子，是韓國三星集團的子公司，但現在母以子貴。2021 年的三星電子營收超過 2,000 億美元，無論是獲利或營收，對整個集團的貢獻值都堪稱是三星集團的旗艦公司。電視、手機都是全球排名第一的品牌，旗下的記憶體部門更是全球最大的記憶體供應廠，市占率超過四成，垂直整合是三星電子最大的優勢。

　　如果我們重新回顧三星電子過去 53 年的發展經驗，大致可以將三星電子的發展史分成 3 個不同的階段。在 1988 年漢城奧運之前的三星電子只是個傳統的電子公司，無論在品牌價值或產品定位都與台灣的大同、東元、聲寶十分類似。但在 1980 年後半期，三星電子醞釀、發展新的營運模式，積極參與資訊科技，並在電腦、顯示設備上挑戰全球頂級市場的商機。

　　經過幾年的歷練，三星電子整個營運架構在戰略形成之後出現大規模的轉型，而且成為非常成功的典範。1990 年代開始，台韓兩國都因為經濟飛躍成長，薪資上揚、勞動力不足，開始必須布局海外生產基地。三星第二代掌門人李健熙在認識大環境的改變之後，決心放棄 OEM 訂單，改以頂級品牌與技術密集、資本密集的關鍵零組件為標的，奠定了今日三星在國際市場上的霸主地位。

一、勇於改革的三星

　　1983 年時，李健熙獨排眾議，從美國招聘很多韓裔的半導體專家參與自主技術的研發，這對亞洲仰賴勞動力取勝的新興國家絕對是個艱難的挑戰。當時包括日本、台灣在內有很多人嗤之以鼻，但經過 10 年的努力，三星電子在 1992 年成為全球第一個推出 64MB DRAM 的公司，之後三星就成為全球領先群中的記憶體製造大廠。

　　有了半導體產業的成功經驗，二代接班的李健熙啟動了一個大型的組織改造計畫。1993 年時，李健熙邀請一位日裔美籍的專家福田（Shigeo Fukuda）擔任顧問，這位顧問告知三星在產品策略與管理上都需要大刀闊斧的改變，李健熙在飛往法蘭克福的路上決定要徹底改變三星集團，並立即在法蘭克福召開名為「New

三星電子 50 年三階段事業年表

資料來源：韓國電子新聞 DIGITIMES製圖 2019/11

Management」的新經營會議，要求經營高層要揮別過往經營思維，他強調，除了老婆、孩子不換之外，全部都要徹底換新，而生產不良品的三星員工，要以「罪犯」來定罪！

在新經營的訴求下，三星強調以品質爲核心訴求的全球化與系統整合，希望重新打造品牌價值。爲了堅定員工改革的信心，三星甚至在 1995 年以品質不良爲由，召回 15 萬支無線電話機，在員工面前當場銷毀。此外，1997 年的亞洲金融風暴，讓三星領導階層深刻體驗管理品質與前瞻技術的重要性。三星每投資一個新項目，都要求以全球前兩名的地位，取得經營上的高回報。

繼記憶體之後，三星又在 1997 年年底的 IMF 危機（韓國向國際貨幣基金借款來因應國家破產問題）前，投資第五代的面板線，爲韓國的面板產業爭取了 LCD 面板產業的發展契機。三星積極改善企業負債比例，不讓韓國其他財閥企業的弱點出現在三星集團。現在的三星滿手現金，超過 1,000 億美元的營運資金，讓三星隨時可能出手推動大型購併計畫。

2003 年以後，三星訂定要以中國市場爲核心的布局計畫，2006 年推出波爾多（Bordeaux）系列的電視機，重新定義平面電視的價值。自此之後，三星就超過 SONY，成爲全球第一大電視機品牌，而 2010 年上市的 Galaxy 系列手機，也讓三星登上全球第一大手機品牌的地位。

管理學大師麥可・波特（Michael Porter）曾說，兼顧品牌、

技術、成本是個天方夜譚的理想，但三星從記憶體、面板到電視機、手機，無役不與，也都手到擒來，唯一的例外是晶圓代工業務。從李健熙時代開始想要挑戰晶圓代工商機的三星，訂下了要在 2030 年之前，投資 171 兆韓元將原本只能在記憶體稱雄的三星半導體部門，改造成全方位的半導體製造廠。

然而，空喊了多年，除了 2015 年曇花一現搶下蘋果微處理器訂單之外，晶圓代工市場是三星至今屢攻不下，但又念茲在茲的商機。基本上，半導體市場大致可以分為記憶體與非記憶體，記憶體所占的比重大約是市場的 35% 上下，記憶體市場多數是標準型的產品，終端產品業者也可以根據當時的售價，做出搭載記憶體大小的決策，因此景氣循環與擴廠時機的掌握便非常重要。

半導體工廠的擴廠大約需要 1 年至 18 個月的時間，一旦景氣看好，客戶會有超量下單的現象，為了滿足客戶的需求，企業會籌備擴廠作業。在提供產品之前，庫存的調節、競爭者的策略都是記憶體大廠最重要的功課，而關鍵時刻的策略性作為，往往是企業能擁有長期優勢的關鍵。

2008 年世界金融海嘯時，看準台商、美商無以為繼，三星連續兩年大幅擴張，以技術、規模兩大優勢掌握價格的主導權，甚至將二線的競爭者全部逐出市場，從此以後三星一家獨大，這是危機入市的最好典範。

在金融海嘯時，台灣幾家記憶體廠商必須償還銀行的貸款超

過 4,000 億元，當時 DIGITIMES 曾倡議出資買下爾必達股份，取得兩席董事與技術合作的契機。但在危機時刻大規模入市的建議，在台灣只有同時期的張忠謀做過，而張忠謀在 2009 年以後大規模投資的成功經驗，也是今日台積電遙遙領先對手的關鍵。

在危機時刻，韓國政府不僅暗助三星，甚至協調由在電信事業獲利豐厚的鮮京集團在 2012 年入主海力士，並將公司改名為 SK 海力士（SK Hynix）。如今當年的投資早已回本，原以 DRAM 為主力、兼顧 NAND Flash 的海力士，在 Flash 只是排名四、五的廠商，但在 2022 年宣布購併英特爾的快閃記憶體部門，不僅成為繼三星之後全球第二大的快閃記憶體工廠，而且取得高階商用的技術，補強了 SK 海力士過去過於偏向行動通訊市場的弱點。

三星不同於一般的記憶體公司，其最大的優勢是在消費電子有非常好的市占率，特別是手機與電視機，以高規格定義這兩大產業的公司就是三星。透過創新需求的滿足，帶領三星的電視機、手機同步上揚的策略，是非常符合韓國人性格與國際產業變化趨勢的戰略作為！

二、高附加價值的戰略目標

從第一代創業的李秉喆時代開始，三星就是動見觀瞻的韓國財閥，但大型財團在集團戰略上的思考，完全不同於一般中小企業，與政府高層之間的關係，往往也是在關鍵時刻突圍的機會。

1997 年 10 月，三星在韓國政府伸手向國際貨幣基金（IMF）借款 580 億美元挹注國庫之際，竟然可以向 LCD 面板設備廠購買第五代的面板生產線，沒有韓國政府的支持斷不可能，而韓國政府官員在危亡之際勇於任事，也是做為政策制訂者非常重要的特質與勇氣。

三星的面板事業一直都是全球的翹楚，但從 2010 年代之後，三星將重心移往 OLED，希望擺脫中國廠商在傳統面板事業上的威脅，直接採取跳島戰略，強攻折疊面板與 OLED 面板的商機。在 2020 年之前，三星已經決定關閉傳統面板的生產線，並且在 OLED 面板取得超過 90% 以上的市占率，這也是今日三星繼續在折疊式手機市場上領先的關鍵。

現在整個三星集團最重要的戰略目標是維持在手機、電視機等消費電子領域的領導地位，讓公司發展的關鍵零組件有寬廣、高階的出海口。三星在第三代領導人李在鎔的帶領下，訂出要在 2030 年拿下全球 IC 設計 10%，以及晶圓代工 35% 的市占率。對三星而言，在 IC 設計與晶圓代工同步推進，當然是個艱難的挑戰。三星晶圓代工營收來自 10 奈米以下先進製程的貢獻不到四成，產能大致是台積電的三分之一（約 97.3 萬片 8 吋約當產量），三星要仰攻台積電的困難是顯而易見的！

韓國沒有活躍的中小企業，很多優秀的 IC 設計公司熬不過訂單過度仰賴大企業的宿命，發展 IC 設計業絕對是個與社會氛

圍對抗的戰略。至於進攻晶圓代工市場，最大的對手當然是台積電，只是台韓都是以製造取勝的產業結構，用同一種方式打敗台積電的機率並不高，所以我們認為台積電真正對手並不是三星，而是英特爾。只有英特爾可以釜底抽薪，用產業標準、軟體布局，甚至政治力包抄台積電，而三星強攻的模式，不僅不易達成彎道超車的目標，甚至可能彎道翻車。

　　事業過度集中半導體，但卻久攻不下的情況下，在景氣翻轉或者新興的競爭者崛起（例如長江存儲搶進蘋果供應鏈），造成記憶體價格崩盤等時機出現時，就是三星真正面對考驗的時刻。

　　在 2020 年之前的 10 年，三星電子大致在韓國維持 10 萬名員工的規模，但從 2020 年開始，員工人數又往上推進，這也是

2022年主要晶圓代工業者產能擴充計畫　單位：千片約當8吋晶圓/月

	2020年月產能	2021(e)月產能	2021(e)擴產幅度	2022(f)擴產幅度	擴產重點
台積電	2,567	2,804	9%	10%	12吋 (7/5/4/3nm)
三星電子	858	974	12%	~10%	12吋 (5/4nm)
聯電	772	807	4%	6%	12吋 (28nm)
格芯	485	554	14%	15~20%	12吋 (Specialty)
中芯國際	521	616	18%	>20%	8吋、12吋
華虹集團	347	493	42%	10~15%	12吋 (Specialty)
力積電	337	358	9%	<5%	8吋
世界先進	243	253	4%	10~15%	8吋 (0.18um以下)
高塔半導體	220	230	5%	<5%	8吋
東部高科	130	140	8%	5~10%	8吋

資料來源：DIGITIMES Research，2021/12

呼應韓國政府希望創造青年就業機會的戰略。在強化就業機會上，三星試著透過新創機制，帶給韓國年輕人一些新的願景，但韓國文創、娛樂事業的蓬勃發展，訴求的卻是「遠離財團」，這是與傳統集團大相徑庭的路線，也是韓國財閥經濟體制與韓國社會脫節的例證。

三星高層戰略思維

三星半導體的核心策略
2030年之前投資171兆韓元
強化系統IC與晶圓代工競爭力
IC設計全球10%、晶圓代工35%

．青年創業、新創投資
‧就業機會、社會參與
‧強化產業生態系
‧未來三年投資180億韓元

建構QD-OLED生產體制
2025為止投資13.1兆韓元

資料來源：DIGITIMES Research，2021/12

第四部 /

未來：半導體業的展望

第一章

國際分工：
地緣政治與半導體之間的距離

　　人口只有 2,332 萬人的台灣，2021 年半導體業的產值高達 1,544 億美元，是僅次於美國的半導體第二大國。背後的晶圓製造、IC 設計、封裝測試都在全球供應鏈中扮演關鍵角色，而這些成就並非憑空而降。

　　就在台積電起步的那幾年，台灣新世代的電子業者在宏碁、神通等廠商的帶領下，開始在個人電腦領域嶄露頭角。1981 年 IBM 推出個人電腦並開放其他業者製造相容產品，1985 年微軟推出視窗（Windows）軟體系統，英特爾的 386 CPU 更讓個人電腦有一個標準的技術平台。1980 年代後半，台灣個人電腦產業開始起飛，到了 1990 年代中期，台灣已經是「電腦王國」了。全球超過 80% 以上的個人電腦來自台灣，而在經濟規模出現之後，零件的需求快速擴張，這一方面提供 IC 設計業的發展溫床，一方面也讓台積電、聯電兩家主要的晶圓代工廠，有了本土 IC 設計業的調節機制。

1990 年代，台灣的電子公司透過上市、上櫃的手段，在社會上取得大量、廉價的資金，投資電子業成為全民運動，但台灣的人口基礎已經無法因應快速成長的電子業。2001 年，海峽兩岸幾乎同時加入世界貿易組織，台灣的量產製造業大量向中國移轉。2007 年 iPhone 出現，雙向的應用、數據流量也讓中國本土的手機大廠與 IC 設計業者水漲船高。在川普出手制裁華為之前，華為貢獻台積電的比重已經接近 20%，加上虛擬貨幣挖礦機帶來的晶片需求，更讓台灣的晶圓代工業蓬勃發展。

台灣半導體產業應時而生，1970 年代嬰兒潮世代培養的理工人才正好也提供了大量的支援。台灣的成就有內在條件，也有外在的契機，像是台灣這樣規模的國家，無論從人口、資本、技術能力，並不容易擁有這樣的機會，也受到很多國家的覬覦，因此半導體產業是非常特別的成功經驗。然而台灣的半導體產業到底是懷璧其罪，還是護國神山，其實有很多可以討論的空間。

半導體產業的四強競合關係

根據英國智庫經濟與商業研究中心（CRBR）預測，到了 2030 年左右，中國的 GDP 總量將會超越美國，成為全球第一大經濟體，這將是中國繼 2009 年超越日本之後，另一次經濟實力的大跳躍。但不只中美之間的地位轉變，年輕且人口持續成長的印度可望超越日本，而德國也可能超車，預測 2030 年時，日本

將退居世界第五大經濟體，甚至可能在人均所得上，輸給曾是殖民地的台灣與韓國。

表面上的數據，背後卻可能牽動全球的政治環境。如同帶領英國在二戰時打敗德國的邱吉爾曾說：「過去 400 年英國的國家戰略，是避免低地國家落入歐陸大國之手」，這也是此次烏俄大戰，英國堅定地站在烏克蘭這一方的原因。那麼美國的國家戰略是什麼？

美國是以科技、軍事、金融力量、智財權掌握全球關鍵環節的國家。當習近平說：「太平洋大到可以容納中、美兩個大國時」，美國人不會這麼想，川普腦袋裡流過的念頭可能是「睡榻之側，豈容他人酣睡！」連續 3 個梯次對中國的貿易管制措施，讓華為等公司受到重創，更讓中國半導體產業的未來充滿變數。

2019 年 2 月，美國川普政府在白宮的網頁中揭示 5G、量子技術、人工智慧與先進製造將是美國維持全球領導地位的關鍵，呼籲企業要同步支持美國政府的政策。2021 年 2 月，拜登政府上任之後，再次強調美國要有意義地重新掌握供應鏈，點名的重點產業是半導體、車用電池、稀土與藥品，而其中的半導體更是重中之重，甚至要求台灣、韓國的大廠提交產銷數據，這在全球強調自由貿易的機制中極為罕見。

台灣、日本、韓國這些位在第一島鏈上的國家，現在被稱為科技島鏈，他們會團結一致在拜登的旗幟下，還是與潛在的對手

印度崛起　成G2世界格局的潛在變數

全球人口大國人口走勢

單位：百萬人

排名	國家	2015	2020	2025	2030	2035	2040
1	印度	1,310	1,380	1,445	1,504	1,554	1,593
2	中國	1,407	1,439	1,458	1,464	1,461	1,449
3	美國	321	331	340	350	359	367
4	奈及利亞	181	206	233	263	295	329
5	印尼	258	274	287	299	310	319

資料來源：聯合國，2019

世界主要國家GDP(依國際匯率)增長趨勢

單位：10億美元

排名	國家	2006	2011	2020	2021	2022	2026	2031	2036
1	中國	2,754	7,492	14,867	16,829	18,374	24,858	37,608	55,068
2	美國	13,816	15,600	20,894	22,881	24,451	29,044	35,445	43,246
3	印度	949	1,823	2,660	2,919	3,190	4,316	6,821	10,761
4	德國	2,995	3,749	3,843	4,199	4,517	5,376	6,324	7,443
5	日本	4,602	6,233	5,045	5,110	5,355	6,325	6,543	6,771

資料來源：CEBR, 2021/12

暗通款曲，甚至在美中對決的背後捉對廝殺呢？半導體的兩大功能是運算與儲存資料的能力，7奈米之後的晶圓先進製程掌握在台積電手上，但以記憶體而言，韓國的三星、SK海力士才是真正的主導廠商。

記憶體與非記憶體的營運模式、市場需求有很大的不同，國際政治地位尷尬的台灣，卻擁有最先進的邏輯晶片製造能力，一旦美國、德國、日本的車廠缺半導體而停產時，大家都將矛頭指向台灣。但這是非戰之罪，因為歐系、日系的車用半導體廠都是系統整合元件製造廠，基於成本考量而採取「輕資產」的策略，但委託晶圓代工廠的比例僅有35%，市場供需的落差，車用半導

體原廠才是關鍵。

　　汽車不是一般產業，這兩年因爲車用 IC 缺貨而減少的上千萬輛汽車產量，影響的不只是當年度的銷售而已，每輛汽車平均 11.9 年的壽命，也讓往後的售後服務商機成爲泡影。與台灣並無外交關係的幾個工業大國，都透過部長級的官員跟台灣關說，希望取得更多的零件。日韓關係惡化，韓國的三星、SK 海力士又將記憶體工廠設在西安、無錫，都讓半導體在地緣政治演化的過程中，出現很多受到政治力影響的變數。

　　另一方面，在人才與土地等基礎條件上捉襟見肘的台灣，在面對分散型的生產體系時，必須尋求全世界的合作。除了參與重建美國半導體製造能力的計畫之外，台積電也與日本聯手在九州布局車用與影像辨識相關晶片的製造。新興的東協、南亞國家會參與賽局嗎？2030 年將成爲 GDP 第三大國的印度向台灣伸出橄欖枝，以德國爲首的歐盟，不斷地催促台廠前往歐洲設廠，但在開始論議與台灣合作的可能性之前，英特爾就已經宣布將投資 330 億歐元在德國設廠。在此同時，聯電宣布了新加坡的投資擴廠計畫，新加坡政府的補貼也成了爲聯電未雨綢繆，爲未來的全球分散型生產體系預做準備。

　　我們可以從台灣與國際間的互動，探索未來半導體產業全球分工的可能模式。這是以亞洲的在地觀點，探索台韓競爭關係，台日結盟、美國如何主導半導體產業的新局，中國如何搶奪四強

賽的外卡，德國、印度會參加賽局嗎？這些都是國際社會關切的議題。

台美聯盟：供需互賴下的新變數

2022 年早春，台灣各大名校的校園裡搭起了科技公司招募人才的帳棚，不僅聯發科、ASML 開出上千名新職缺，做為台灣護國群山第一高峰的台積電，在 8,000 名新聘員工中，有一政經博士的新職缺引起了輿論熱議。但台灣培養的電子電機碩博士生畢業人數，已從 2008 年 7,000 人上下，在 2017 年減少到 5,881 人，到了 2020 年則僅有 3,739 人。

就算是政經界的聰明人，想理解複雜的半導體業容易嗎？光是半導體產值與市場值的定義，就可能讓業外人士昏頭轉向，更何況這是百億美元等級的國際競合關係。您可以用台積電的營業額，除以全球市場的規模來敘述台灣的影響力嗎？當然不行，因為台積電、聯電處理的都是加工過程，而不是最終產品，這是屬於供應鏈的環節。晶圓製造、IC 設計、封裝測試、材料設備，甚至設計工具、IP 與半導體通路，是看起來相互關連，其實各自獨立運作的體系，不僅難以理解，再加上不同的國家各有所長，沒有一個國家可以宣示已經掌握了所有的關鍵環節，「利益關係國」之間錯綜複雜的買賣、政治關係，都讓這些問題更加複雜。

基本上，台美的結盟是現階段全球半導體業最成功的勝利方

程式。輝達、超微、蘋果、高通等這些美系的 IC 設計公司，在
EDA/IP 業者的支援下，結合台積電、日月光、鴻海等上下游高
效率的製造能力，創造了市場上難以匹敵的領先優勢。我們預期
Google、Amazon、微軟這些廠商在第四代工業革命的背景下，
針對人工智慧、車用晶片等新興的領域，仍然會善用這個體系；
我們相信 2030 年之前，產業的大格局不會有大的改變，但醞釀
改變的元素已經從 2022 年開始發酵。

　　在服務流程上，台美的業者也水乳交融、深化合作。從 2019
年 1 月「歡迎台商回台投資行動方案」實施之後，已經有將近

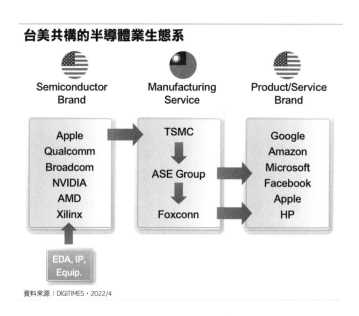

資料來源：DIGITIMES，2022/4

600億美元的投資經過經濟部工業局的審議後落實返台投資計畫，而投資的重點便是「智慧製造」。面對少子化、高齡化的台灣，必然以智慧工廠面對多元的新商機，而美系的服務業者更提供各種到位的服務，強化供應鏈的環節與效能。

全球最大的設計工具公司新思科技與益華，便分別與微軟及AWS 的雲端服務機制結合，在雲端上提供 EDA-as-a-Service 的服務。新思於 2022 年 3 月發布的稱為 Synopsys Cloud，而益華於 6 月發布的則為 Cadence OnCloud。包括聯發科、台積電在內的業者，現在都透過雲端機制使用來自美系廠商的各種設計工具。

雲端服務的全球前三強都強化在台灣的布局，目前 Google 已在彰化設立雲端資料中心，在需求多元化與在地需求大量增加的情況下，微軟在 2022 年下半年啟用在台灣的超巨量型數據中心（Hyperscale data center），AWS 亦於 6 月宣布在台灣推出 AWS Local Zone（本地區域）服務，而首座資料中心可望在 2024 年在台落地。

所謂超巨量型數據中心，指的是數據中心內有超過 5,000 台伺服器的運算中心，現在全球有超過 600 個這樣的數據中心，無論是排名領先的 AWS、微軟。包括 Google、Meta、IBM 等業者都積極布局數據中心的建設，這也讓背後生產伺服器的業者水漲船高。只是大家不知道，至少有 90% 以上的伺服器是由台商負責主機板等級的設計、生產，而這些生產體系在美方要求的安全機

制下，慢慢移回台灣生產，包括緯穎、廣達、英業達都在台灣生產美系大廠所需要的伺服器，甚至連生產機殼的勤誠興業也在嘉義設立新廠，因應伺服器以美中 G2 架構服務美商的產業需求。

此外，對雲端服務業者或網際網路業者而言，伺服器是服務與營運的關鍵所在，而過去英特爾與超微雖然提供半客製化 CPU，但仍難完全符合這些業者效能最佳化的需求，因此這些業者紛紛走向自研伺服器處理器，以台積電與日月光為首的台灣半導體業者所提供的製造服務，讓這些業者更不能沒有台灣。

新的變數：英特爾的布局與 ESG 的挑戰

半導體是個不斷追求技術創新的產業，台積電、英特爾都以雙軌的研發團隊因應不同世代的技術需求。2022 年，台積電的資本支出將高達 410 億美元，而三星、英特爾也都會挑戰 400 億美元的高地，這些龐大的資本支出，很像現實世界裡的軍備競賽。

產業的競爭模式當然不會一成不變，2008 年前後，28 奈米等級的 12 吋晶圓廠強調高介電層／金屬閘極（High-k Metal Gate, HKMG）製程，進入 16/14 奈米的階段時，FinFET 的架構成為致勝關鍵，而進入 7 奈米之後，材料與結構兩者之間的結合才可能取得進一步微縮的突破。

在設備方面，來自歐洲的 EUV 設備是進入低奈米世代的關鍵設備，但兩難的是這些高耗能的設備，讓 ESG 的議題成為地球

面對溫室效應時很難迴避的問題，相較於社會責任（S，social）與公司治理（G，governance），環境議題（E，environment）正從現在的壓力轉換為未來的成本，甚至是經營風險。企業經營者必須以現階段的技術進程搭配減碳儲能的機制，在 2030 年即時趕上碳排放，成為競爭關鍵的新時代。

此外，由於參眾兩院遲遲未就各自通過以提高美國競爭力為主旨的法案中，針對氣候條款或中國貿易等與晶片無直接相關的因素，達成一致意見與妥協版本，因此，即便包括半導體產業520 億美元補助部分也跟著延宕。英特爾原訂 2022 年 7 月舉行的200 億美元俄亥俄州新晶圓廠動土典禮，因未取得補助而推遲時程。但英特爾執行長季辛格卻公開鼓吹，美國政府挹注資金的對象應以本土晶片製造業者為優先，而非台積電和三星電子等亞洲競爭對手，並強調本土企業才能強化美國的 IP 掌控權。採取訴諸

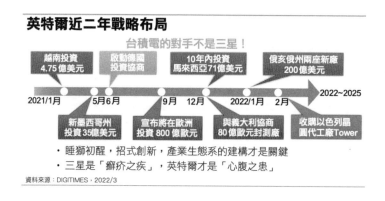

資料來源：DIGITIMES，2022/3

政治正確，排擠同業、爭搶美國政府補助資金的做法。

　　我們看到未來的競爭，不再只是過去的技術、規模、良率、價格之爭，誰說破壞性的創新只會來自技術的變革呢？業外如地緣政治與 ESG 等遊戲規則也將成為關鍵變數！從這個觀點觀察，三星是癬疥之疾，英特爾才是真正可能讓競爭關係翻盤的對手。如果台美合作的勝利方程式被改變了，那麼全球的半導體產業將會進入新的紀元。

台日合作：互利共榮前景可期

　　戰後的日本開始了經濟復興之路，韓戰、越戰也給了全世界都需要日本的契機。從 1950 年代到 1980 年代的廣場協議為止，日本在經濟總量的輝煌成就背後，產業體質的提升與深化，在電子與半導體、汽車行業更是令人讚嘆。

　　1960 年代日本在經濟蓬勃發展的同時，開始耕耘半導體產業，在終身雇用的年代，專業工程師與經理人可以長期浸淫技術與企業戰略，對於強調上下游高度整合的半導體產業更是非常重要的成功關鍵。在金融體系的支援下，NEC、富士通、東芝、日立、三菱、松下、SONY 與夏普等日本知名的企業都成為半導體業的角逐者，也都各有一片天。

　　全球第一家生產半導體的公司是德州儀器，1955 年 SONY 也在晚於德州儀器不到 1 年的時間，在西屋電器的授權下生產出第一顆半導體，這也是全球半導體產業的濫觴。

　　1976 年開始，在日本通產省的戰略支援下，日本廠商大規模投入大型積體電路的發展，原本必須向美商支付高額專利費的日本廠商，反而成為市場上的技術領先者，在韓國廠商崛起之前的 1986 至 1992 年這段時間，可說是日本半導體產業的盛世。甚至到 1980 年代末期，日商占了全球記憶體接近 90% 的市場。

　　從半導體市場的影響力觀察，日本的鎧俠、瑞薩、SONY、羅姆等廠商仍有一席之地，但 367 億美元的銷售金額僅占全球的 6.6%，與 1980 年代日本半導體產業的影響力不可同日而語。為了整合資源，日本半導體公司經過幾次的整合，邏輯晶片集中於瑞薩，繼續在車用等半導體領域支持日本工業的發展；而記憶體方面由鎧俠領軍，力抗韓國的 SONY，是 CMOS 影像感測器龍頭；至於羅姆則專攻特殊規格或第三類半導體，試圖在功率半導體等

利基領域成為領導廠商。

在產業產值方面，由於日本還有上游的設備材料工業，產業產值 882 億美元，正好是全球產業總產值的 10%，實力雖不如以往，但歷史悠久的記憶體產業從 1960 年代與美國同步發展上游設備材料工業的產業結構，讓日本至今仍是半導體產業非常重要的環節。從東京威力科創、Canon、Nikon、Screen 到後端封測設備的愛得萬，在日本都是舉足輕重的供應廠商。

1980 年代開始到 1992 年間，飛躍成長的日本半導體產業睥睨全球，特別是在記憶體領域，連英特爾都避不開日本產業的鋒芒，但在日本經濟停滯的 30 年之後，全球的經濟版圖與半導體產業的結構已經大不相同。2009 年，中國取代日本成為世界第二大經濟體，2030 年的日本，在 GDP 總量可能落居世界第五，因此這一個世代的日本必須開始思考突破，加上防堵中國崛起的國家戰略，這也是台日聯盟非常重要的源頭。

一、台日結盟，大勢所趨！

烏俄大戰，美國祭起貿易大戰的大旗，禁止半導體輸往俄羅斯，不管大戰的結局如何，中俄兩國抱團取暖是必然的趨勢，新冷戰隱然成形。一直想在中美兩國之間左右逢源的韓國，在總統尹錫悅上任後走向親美的新格局，前總統文在寅的親中路線，企圖遊走於中美兩國之間的投機策略已經難以延續，這也影響到日韓之間的產業關係。

　　2019 年 7 月，日本宣布禁止 3 種半導體化學材料輸往韓國，這件事的導火線是 80 年前的慰安婦，也是日韓關係的分水嶺，除了讓台日韓之間的產經關係丕變，更可能是改變產業競合關係的關鍵因素。1988 年韓國舉辦漢城奧運時，韓國的人均所得不到日本的 20%，2002 年合辦世界杯足球賽時，韓國是日本的 33%，但 2020 年已經有 80%，經濟學家更預測台韓都可能在 2028 年超越日本的人均所得，日本在全球 GDP 總量的排名將繼續往後挪。老齡化的日本不容易與敵對的韓國、中國合作，與美國之間的關係不會是對等關係，最好的合作選擇是有互補關係的台灣。

　　另一方面，已經沒有頂尖製程的日本半導體業，需要台積電、聯電這樣的戰略伙伴，而日本的汽車業，在下一個階段的新產品也需要建構與台灣互補的機制。當然，做為傳統的工業大國，不會只是單方面依賴台灣，工業基礎雄厚的日本在材料設備工業、影像處理技術上遙遙領先，記憶體內運算（In-memory Computing）則可能會是雙方合作的前瞻技術領域。我們可以從台積電在熊本的投資計畫，日方主要的伙伴是 SONY 與日本電裝可以看出，影像感測器等 sensor 與車用半導體將會是台日合作的重點方向。

　　就在 COVID-19 疫情肆虐的 2022 年 3 月，日本專長功率半導體的羅姆常務執行董事伊野和英訪台，除了與台積電洽談合作事項之外，更與台灣電源領域的領導廠商台達電討論如何深化在

第三類半導體上的合作，於 4 月宣布與台達電攜手研發 GaN 功率半導體。羅姆台灣區董事長廖錦玉說，過去日本專注在國內產業的需求，但現在必須多元經營海外的產業合作關係，台達電在綠能、汽車與第三類半導體的成果令人印象深刻，這也是羅姆策略合作的關鍵。

　　台日企業的戰略伙伴關係，在疫情期間持續升溫，台積電與 SONY、日本電裝在日合資建廠，以及羅姆與台達電的結盟就是好的案例。過去日本人總是以日系企業的需求為第一考量，但隨著台系供應鏈的成熟發展，日系企業不僅主動敲門，也由總部派人在台灣設置類似產品經理的職位，扮演傳遞訊息的角色。台日企業水乳交融，在車用電子與第三類半導體上，都看到了具體的進展。

二、台日企業的交集：追求永續發展

　　過去基於生產效率、技術能力、成本等多方面的考量，電子產品在生產過程中往往出現很多不符合永續概念的生產流程，但

現在節能減碳成爲產業發展共識，更多的規範可以做爲企業發展的共同信念與參考。

DIGITIMES 團隊幾度造訪京都的羅姆半導體，理解他們是功率半導體的領導廠商，在第三類半導體的發展上也頗有進展。而台達電更是台灣電源產品公司中的翹楚，兩家是上下游伙伴關係，也都具有強調工程師文化的企業特質。除了現有技術之外，在對話過程中，他們探索了台日企業在電動車、第三類半導體等新興領域的合作模式，更讓我們可以深入理解跨業合作與技術整合的可能性。

台達電是一家以電源供應器爲主力的大廠，無論是 AC/DC（Adapter）、DC/AC（Invertor），或者是 AC/AC、DC/DC（UPS）都是業界的翹楚，而羅姆供應的是上游的半導體元件，在 IGBT、MOSFET，以及最近備受矚目的第三類半導體 GaN、SiC 都是領先廠商，兩者之間存在高度互補，也透過高層的往來在技術上跨業、跨國合作，共同研發各種創新的應用。

DIGITIMES 每年都到日本電子展（CEATEC）參觀，對於日本業者的展覽內容與方式印象深刻。他們不像一般零組件公司只談技術規格，羅姆展現的是參與整套汽車的解決方案。簡單說，他們從幾年前就強調從產品應用走向應用驅動，而羅姆與台達電的合作，也在零件與系統整合的過程中，看到很多激盪創新的可能。其次，羅姆過去以日系車廠爲主，但羅姆明白國際化與分散

型生產體系的形成過程，台灣在未來車及相關基礎建設上會扮演關鍵性的角色，與台達電的合作，在典範轉變的過程中，具有深刻的意義。

台達電與羅姆都將國際氣候組織（The Climate Group）與碳揭露計畫（Carbon Disclosure Project, CDP）共同發起的 RE 100 氣候倡議行動視爲策略目標，共同關注環境與永續的議題。台達電在 2021 年加入 RE 100 的倡議，2030 年之前所有的廠辦都使用再生能源，達成碳中和，並在 2050 年之前達成淨零排放的目標。現在台達電將內部的「碳定價」訂在高價位上，激勵所有的部門挑戰最高難度的戰略目標，這是台灣所有高科技業者中，積極、勇敢面對問題的企業。

三、台日企業的交集：電動車的應用商機

多年前，特斯拉來台尋找技術合作伙伴時，台達電就是重要的合作伙伴之一，而之後台達電將布局擴張到充電樁，羅姆適時地提出提升效率的解決方案，兩家公司的合作從傳統的電源擴張到電動車相關的應用。

在汽車領域，過去台達電是從 Tier 2 或 Tier 3 的直流電充電器（DC/DC）、車載充電器（On Board Charge Module, OBCM）零配件做起，慢慢建立起信用之後，才逐漸獲得青睞，而讓車廠直接找上台達電，並升級成爲 Tier 1 的供應商。現在台達電多少可以透過零件的整合，做到系統或次系統（Subsystem），例如逆變器（Invertor）加上馬達（Motor）的二合一，或者 DC/DC + OBCM + Invertor + EVCC（電動車充電系統）的四合一方案，這些都是台達電從以往比較次要的汽車零件供應商，進入到 Tier 1 供應商的重要進展。

台達電呼籲台灣可以群策群力，組成 e-Drive System 的聯盟，亦即將 Motor、Invertor 加上 Gear（齒輪）的系統，這就是電池之外最核心的整組驅動系統（Powertrain），掌握這樣的優勢才算深入了汽車供應鏈的關鍵環節。

預計到 2030 年時，我們會來到電動車大幅取代傳統引擎車的新時代，台達電副董事長柯子興表示，儘管現在大家對電動車的價格仍有保留，但台達電認為到 2026 年就算沒有任何政府的補助，電動車在性價比上超越傳統汽車已經是可以預期的未來。其次是里程焦慮的紓解，目前的電動車里程數達到 400 公里以上是普遍的要求，而 700 公里以上是目標，普建 10 至 30 分鐘之內快充（Ultra Fast-chager）便可以行駛的充電樁，或者等到飽充之後可以行駛上千公里的電池出現時，里程焦慮自然不會再是消費者的顧慮。但柯子興也呼籲，如果台灣汽車銷售量過半是電動車時，電動車的耗電量可能達到目前發電量的 10%，政府必須因應大環境的改變調整、優化宏觀的電力政策。

面對新世代功率半導體的發展，柯子興指出，由於第三類半導體對於熱傳導、頻率、功率上有更大的優勢，因此引起很多

國家的關注。相較於第一類的矽、第二類的砷化鎵，第三類的
SiC、GaN 在高溫、高電流的環境下仍然具有很好的效能，隨著
各種意想不到的創新應用興起，我們相信第三類半導體也會跟著
水漲船高。

　　特別是氮化鎵，除了一樣有極佳的導電性、導熱性之外，還
擁有更高的電子密度、電子速度，元件的切換速度是矽基元件的
10 倍，因此在高頻的應用上更被期待。例如快速充電時，就算
面對高電壓也不容易發熱，這對 100 W 以上的快速充電設施具有
重要的意義，而在現有產品的應用時，不僅適用於較大電壓的筆
電、平板，也適用於手機、手錶的充電系統。至於特斯拉帶動的
SiC 元件在快充系統的商業化，對於拉長里程與快速充電都是關
鍵應用，而 1200 V 的高電壓，在風電、太陽能、儲能、新能源
車的應用上都是不可或缺的。目前電動車的電池動力系統是 200
至 450 V，也有機會朝 800 V 的方向邁進。為了加速進入市場的
時間與條件，系統組裝廠與上游零件廠的深度合作，成為市場上
的致勝關鍵。

四、再生能源的應用

　　2050 年達到淨零排放已經是全世界主流意見，針對這些觀
點，羅姆常務執行董事伊野和英呼應，上下游的合作是非常關鍵
的。羅姆也針對 SiC 的市場需求，在福岡建設 SiC 專屬新廠滿足
市場的需求。這個新廠目前雖是 6 吋廠，但也會往 8 吋廠的方向

邁進。至於 GaN 元件也將從 2022 年開始供貨。來自京都的羅姆，以及在台灣深具指標意義的台達電，都投入再生能源的應用，也深具指標意義。

一般而言，在 2030 年之前，優質的企業會以現有技術積極布建如何節能減碳，而到 2030 至 2050 年間，就要在創新技術與國際合作上展示足夠的條件與成績。擁有半導體廠的羅姆，當然理解半導體製程需要大量耗電的工程，除了新工廠的設計之外，還會自建太陽能電廠，並透過購買再生能源來調節本身的需求。例如，在福岡的 SiC 晶圓廠使用的電力，可以做到 100% 使用再生能源。羅姆整個集團在 2021 年使用再生能源的總量為 10 萬 MWh（百萬瓦特），雖然低於台達電的 31 萬 MWh，但羅姆已經在京都站前大樓、新橫濱大樓採用 100% 的綠能，也在 2022 年加入國際氣候倡議行動，成為 RE 100 的成員。

根據國際能源署（International Energy Agency, IEA）的估計，現在每年新建的風能與太陽能約是 1020 GW，在這些新能源加入之後，不僅能源結構改變，也會為輸送電系統帶來質變。過去單向輸送電的系統會進化為多元供電、分散型的輸送電體系，再加上再生能源的不可控因素，能源的穩定性將是人類的一大挑戰，而高效能、反應速度佳的儲能系統，必然會是重要的解決方案之一。

全世界半導體市場在 2021 年首度突破 5,000 億美元，如果大

趨勢不變的話，到了 2028 年前後，全球半導體市場可能會達到 1 兆美元的里程碑。如果台灣的貢獻率、市占率不變的話，台積電可能需要 10 萬名員工，聯電、聯發科也需要 4 萬名員工，台灣半導體業從業者的總人數可能要從現在的 32 萬人提高到 50 萬人，台灣如何滿足基礎條件的需求？而水電等基礎建設的需求，更是隱藏在背後的脆弱因素。這兩年台灣的大停電，日本媒體都在報導，曾幾何時日本人也會關心台灣停電的消息呢？經濟偏頗的「荷蘭病」，正成為台灣看得見的隱憂。

過去台灣半導體業之所以能夠在全球擠入四強之林，關鍵在於擁有優秀的理工人才，而地狹人稠，專注在半導體業的發展也是台灣因為先天條件的限制所做出的正確抉擇。但在優勢發揮到極致之後，台灣的軟肋也正好在人才、土地、水電等基礎條件上。政府如何以更開闊的心胸及戰略與其他國家共創、共有、共好呢？

孤懸西太平洋的台灣是東亞的交通要道，對西方陣營而言是東亞戰略布局的鎖鑰，若台灣存活的關鍵之一是半導體，那麼，面對如此重要的半導體產業，台灣沒有掉以輕心的本錢。

孤立的韓國：韓國的企圖與軟肋

韓國半導體產業的產值與台灣相當，但產業結構卻截然不同。韓國半導體業的產值特別集中於記憶體的製造領域。雖然韓

國政府，甚至三星都推出很多獎勵措施，希望韓國本土的 IC 設計業能振衰起敝，但顯然成效不彰。這當然與韓國的社會環境息息相關，很多韓國的 IC 設計公司都以韓國大集團爲主要的客戶，最後當然也依附在財閥經濟體系，但韓國的半導體業也因爲大集團果敢地投資，而在幾次的產業轉折中勝出。

韓國半導體製造業起步於 1983 年，三星第二代掌門人李健熙獨排眾議，投入記憶體的發展行列。同一個時期，SK 海力士的前身現代電子也投入半導體業的發展行列。

三星從 1990 年代中期起，就是全球最大的記憶體製造廠，在全球記憶體市場的市占率維持在 40% 上下，技術也獨步全球。三星之所以領先，與 2008 年金融海嘯之後「危機入市」的策略有關。金融海嘯之後，三星是少數有能力且大膽加碼投資的業者，這與台積電在 2009 年後大舉擴張資本支出的策略如出一轍，而這也是三星、台積電今天可以分別在記憶體與晶圓代工事業上拉開競爭優勢的關鍵。

但海力士就沒那麼幸運了，虧損累累的海力士邀請在電信市場上獲得巨額利益的鮮京集團注資，之後才慢慢走上坦途，這中間的轉折，不乏韓國政府政策的痕跡。2022 年初 SK 海力士完成對英特爾 NAND 快閃記憶體部門的第一階段收購，成爲 NAND 全球第二大廠，也擺脫過去只靠 DRAM 獨撐大局的跛腳架構。

不同於日本在半個世紀之前發展半導體產業時，兼顧設備、

材料的歷史背景，材料設備工業基礎較為薄弱的韓國，受到 2019 年日本禁止氟化氫等半導體材料輸韓禁令的影響，更為積極布局材料設備產業，如今韓國已經有 8% 的半導體業產值來自設備、材料業的貢獻。但相較於台灣可以與日本聯手的跨國合作關係，韓國更像是孤軍奮戰。

尹錫悅上任之後，國家戰略從親中、攏絡北韓，調整為與美日親善，甚至向北韓叫板，宣稱「綏靖朝鮮的時代已經終結」。新的國家戰略，在美中大格局下也必然影響產業，原本漸行漸遠的日韓貿易關係，在 2022 年 6 月底尹錫悅總統與岸田文雄首相在西班牙 G20 的幾分鐘對談之後，也許會有些緩和，但在半導體或消費電子領域，日韓之間的合作仍有很多的困難。

中國人總是說朝鮮半島是東亞橋梁，然而被聯合國認證為已開發國家的韓國，過去 4 千多年來國力從未達到今日的境界。儘管北韓的飛彈威脅從未停止，韓戰的和平協議從未簽署，但韓國總是在危機中取勝。今日韓國產業的風險一樣來自鄰近的國家，台日聯手正好可以互補，也可以取韓國而代之，或者成為韓國進一步發展晶圓製造能力的一大阻礙。中國以國家資本發展策略性產業的做法幾乎拷貝自韓國，但第一個受到威脅的國家也會是韓國，表面上韓國把台灣、日本當對手，但韓國真正的對手卻是中國。在諸多因素的影響，加上美中對抗的大格局下，韓國的動向備受關注。

　　韓國正在走自己的路，意識到過往過於偏重記憶體的隱憂，韓國政府與三星爲首的企業從 2019 年起推動一連串系統半導體的產業投資及育成計畫，2019 年 4 月底三星發表「半導體願景2030」戰略，目標在 2030 年在系統半導體與晶圓代工領域成爲市場龍頭，計劃投入 133 兆韓元（約 1,127 億美元）強化系統 LSI 與晶圓代工事業部研發、生產設施。旋即韓國政府在 5 月初公布「系統半導體願景及策略」，宣布 10 年編列至少 1 兆韓元（約 8.9 億美元）預算，期望 10 年後達成全球晶圓代工第一、IC 設計市占率 10% 的目標。

　　針對系統 IC 的預算可分爲兩大項目，第一大項目聚焦核心技術開發，包含「次世代 AI 半導體開發」計劃將分配到 891 億韓元，協助系統半導體研發自主技術並商用，搶占未來車等具潛力產業市場；另規劃 90 億韓元研發經費，協助業者確保未來智財權。

　　第二大項目則是促進 IC 設計產業的成長，包含撥款 60 億韓元在京畿道板橋科學園區設立「設計支援中心」，提供 IC 設計創業業者事業發展需要的進駐空間、設計 SW、樣品製作等支援；其次是設計專業人才育成，提供大學補助引進研究所需設備設施，每校提供 20 億韓元，總計 100 億韓元預算。韓國政府在半導體產業轉型關鍵期，積極扮演連結不同層級業者的橋梁，預料日後會有更多支援計畫提出。

三星2030半導體願景與戰略

目標：2030 年成為全球系統半導體龍頭

| 非記憶體技術研發 | EUV 設備採購 | 建晶圓廠 |

2019年起，分12年投資額171兆韓元

資料來源：三星，DIGITIMES整理，2022/3

　　2021 年 5 月，文在寅發表為期 10 年的半導體生產基地建構計畫「南韓半導體帶」，將集結官民力量，在 2021 至 2030 年進行 510 兆韓元（4,509 億美元）的大規模投資。以 IC 設計企業聚集的京畿道板橋為起點，西南方沿線有華城、器興、平澤的記憶體、晶圓代工基地，一路向南連接至天安、溫陽的封裝基地，這一線的中央為龍仁的 SK 海力士半導體園區及零組件生產基地。再從龍仁出發，向東北可延伸至利川的 SK 海力士記憶體基地，向東南延伸至陰城的東部 HiTek 晶圓代工廠、清州的 SK 海力士生產基地，這幾條帶狀產業聚落，在地圖串連起來就成為代表韓國英文 Korea 的「K」字樣。此外，韓國也決定擴大半導體相關學科招生規模，計劃在 2031 年前培養 3.6 萬名半導體產業人才。

　　三星與韓國政府訂下 2030 年成為全球系統半導體龍頭的戰略目標，但幾個近鄰都虎視眈眈，在全球新一波的半導體大戰中，韓國能否能全身而退，現在還是個未知數！以三星來看，過去 5

年不斷強化晶圓代工事業，客戶數從最初 30 餘家，至 2021 年底翻了 3 倍以上，三星目標是 2026 年的客戶數上看 300 餘家。

2022 年中，三星晶圓代工良率雜音不斷，也大幅調動了晶圓代工事業部人事布局，由記憶體部門專家接手先進製程研發、代工製造技術執行及代工技術創新的領導職務。此外，相較於台積電與英特爾的積極投資，三星 2022 年晶圓代工領域投資計畫仍未明確揭露，以近年三星與台積電的市占率差距並沒有明顯縮小的情況下，資本支出若與台積電規模落差大，市占率只會進一步被拉開。

從過往的產業發展史來看，韓國政府與三星的企圖心與積極度自是無庸置疑，但當半導體成為國家安全與供應鏈安全關鍵，科技民族主義成為各國的普遍思維，韓國的目標將迎來更艱鉅的挑戰！

崛起的中國：撞牆或突圍？

從 2000 年中國發布 18 號文及中芯國際與宏力半導體興建 8 吋廠投入晶圓代工起，全球半導體產業的競爭格局就開始了新一波的變化。從十三五計畫到十四五計畫，到中國意圖從「製造大國」躍升為「製造強國」，半導體都是攸關國力、政策大力支持的重中之重。但中國支持半導體的大基金計劃，是否已大幅實現政策目標了呢？

　　根據中國海關的數據，2021 年中國半導體進口總金額為 4,325 億美元，比 2020 年成長 23.6%，出口金額 1,538 億美元，成長 31.9%，貿易逆差是 2,787 億美元。海關的數據通常不會有太大的落差，只是台灣是半導體生產大國，2021 年的出口金額也只有 1,555 億美元，中國出口值與台灣相當，顯示進出口結構需要有更多的解釋。

　　中國出口金額大，有可能是來自三星、SK 海力士的貢獻，據悉三星的 NAND Flash 與 SK 海力士的 DRAM 都有四成以上來自中國的工廠，當然中國境內還是有幾家具有規模的半導體廠，例如台積電、英特爾。其次，中國半導體封測業僅次於台灣，排名世界第二，進口半導體進行最後的封測，然後再出口的比重應該也不低。最後，也有可能小米、鴻海、和碩、緯創等台灣公司海外工廠所需要的半導體，也都在中國內地調度，先進口再轉出口都是可能的因素。

　　至於留在中國內地使用的半導體，基本上應該區分為國內市場的需求，以及加工組裝產品出口。例如為蘋果組裝手機，為惠普、戴爾、宏碁、華碩組裝電腦的需求，都是中國進口半導體的用途。根據瞭解，台灣與韓國出口的半導體，都有 60% 輸往中國，而中國自己生產，用在自家市場內的半導體產品比例仍低。根據中國半導體行業協會設計分會的調查，中國 IC 設計產業的營收 4,587 億人民幣（約 681 億美元），貢獻了整個半導體業產值的

中國晶片出口額雖攀升　貿易逆差仍逐年擴大

單位：10億美元

	2017	2018	2019	2020	2021
進口額	260.1	312.1	305.6	350.0	432.6
出口額	66.9	84.6	101.6	116.6	153.8
貿易逆差	193.3	227.4	204.0	233.4	278.8
進口額YoY	14.6%	20.0%	-2.1%	14.6%	23.6%
出口額YoY	9.0%	26.6%	20.0%	14.8%	31.9%

資料來源：中國海關，DIGITIMES製圖，2022/5

43.2%，在欣欣向榮的 IC 設計產業中，從業人員從 2020 年的 20 萬人，增加到 22.5 萬人。

如果拿台灣來對比，台灣 IC 設計業的產值是 448 億美元，而根據台灣半導體產業協會的資料顯示，台灣 IC 設計業共有 5 萬從業人員，其中研發人員 3.6 萬人，非研發人員 1.35 萬人。據此，我們陷入兩岸調查基礎是否一致的問題，台灣 IC 設計業的人均產值遠遠超過中國，而全球的 IC 設計產業總產值不過 1,899 億美元，如果中國的數據沒有問題，那麼中國就占了全球的三分之一；但全世界公認的十大 IC 設計公司，沒有一家是中國公司，那麼該如何認定哪些中國的 IC 設計公司值得研究呢？

目前中國針對 IC 設計業提供科創板（Sci-Tech innovation board，上海證券交易所科創板）讓新創的 IC 設計公司可以簡易

資料來源：財政部統計處，DIGITIMES製圖，2022/5

上市，而且已經有 49 家公司透過公開管道募資，這些公司的資料可以追蹤，也許是我們瞭解中國 IC 設計產業最根本的架構。

一、中國半導體發展現況

在中國所有的半導體公司中，最受矚目的無疑是 2000 年成立的中芯國際。由於擁有 14 奈米先進製程與足夠的產能，中芯國際也成爲美國政府打壓的對象。但爲何在 2021 年不利的大環境下，中芯依然能交出極佳的成績，這是中芯的實力，還是因爲景氣波動賺到的機會財呢？

根據中芯國際 2021 年度財報，中芯以 30.8% 毛利創下新高，8 吋晶圓當年產能約達到 674.7 萬片，年增 18.4%，每片加工的均價也從 2020 年度的 4,210 人民幣，增加到 2021 年的 4,763 元人民幣，增幅約 11.3%，2022 年中芯的資本支出不會低於 50 億美元。

一般而言，中芯會挪出 10 至 12% 的營收做爲研發支出，但

對比中芯的市占率與領先群之間的差距，加上員工的穩定性受到考驗，中芯要在先進製程上突破，有一定的困難。

在中芯的營收中，成熟製程的比例很高。55/65 奈米製程占29%，0.15 至 0.18 微米也占 29%，而 28 與 14 奈米這兩種中芯最先進的製程，比重增加到 15%。但由於缺乏極紫外光（EUV）設備推進 7 奈米以後的製程，甚至連深紫外光（DUV）的設備都難以擴增，加上 64% 仰賴中國本地客戶，這些也都是中芯的挑戰。

除此之外，中芯的財報看似穩定成長，但起步最早的中芯卻得面對其他本土業者挖角的壓力。研發人員的流失是中芯一大隱憂，對學有所長的中國年輕人而言，到金融分析機構或新投資的半導體計畫，都可能得到更好的報酬回收。中芯成立已經超過 20 年，卻始終在二線掙扎，其最大的痛苦就是活在要命的中間地帶，加上被美國政府制裁的壓力如影隨形。中國半導體業要靠中芯突圍，比三星用傳統模式打敗台積電更困難！

而在 2022 年第二季，傳出長江存儲的 128 層 NAND Flash 通過蘋果的認證，開始成為蘋果供應鏈的一環。長江存儲自行研發的 Xtacking 技術架構再獲蘋果認證，讓中國的記憶體產業有了一次跳躍的機會，這是否與媒體報導「蘋果曾與中國簽訂總額 2,750 億美元採購協議」的密約有關？

就算有技術專利的疑慮，但在中國內銷的蘋果手機搭載中國生產的記憶體，大致上也是個合理的選擇與產業發展籌碼。長江

存儲 2021 年營收僅有 4.65 億美元，但 2022 年營收可以上看 100
億人民幣（接近 15 億美元），會是中國半導體業的希望或是成
功的突破模式嗎？

特斯拉在 2021 年總共生產了 93.6 萬輛的電動車，其中
51.7% 來自中國上海的工廠。面對未來的商機，在烏俄大戰中以
Space-X 的「星鏈」支援烏克蘭的特斯拉創辦人馬斯克，也會在
台海生變時採取同樣的態度嗎？

從另外一個角度觀察中國半導體產業的發展，我們理解中國
的半導體產業在美國掣肘下，必然會進入一個撞牆期。在重商主
義盛行的時代，國際社會以效益為第一考量；只是一旦重商主義
轉移到軍事、政治上的鬥爭時，不僅國際貿易的規則受到扭曲，
科技與產業的發展也會面臨新的考驗。

英國南安普頓大學的朱明琴博士指出，美國在限制中國製晶
片的軍事用途，華為、中芯以及台灣人比較不熟悉的飛騰都上了
實體清單，禁止美國、歐洲廠商銷售先進的設備給這些公司。她
特別指出，飛騰的晶片是用在解放軍東風 17 型級音速飛彈的超
級電腦上，這個型號的飛彈可以躲過美國的彈道追蹤系統。科技
民族主義正在影響我們每個人，而世界一分為二的可能性也正在
升高當中。

二、中國可以後來居上嗎？

要評論中國半導體產業真正的實力，得將中國半導體市場與產業結構抽絲剝繭。根據美國半導體產業協會的統計，2021年全球半導體市場的總值是 5,559 億美元，其中有 34.6% 在中國市場銷售。但這個數字指的應該是銷售給中國本土公司，以及在中國國內市場銷售的金額，並不包括外商在中國組裝筆電、手機等不同商品帶來的市場需求。

根據中國海關總署的統計，中國在 2021 年總共生產 2.2 億台的筆電、9.5 億支的手機，這些因為出口帶動的半導體需求比較像是變動的需求，而中國本地廠商與市場的需求就可以稱之為「剛需」（剛性需求）。通常中國內需市場占全球的四分之一，加上聯想、小米、OPPO、vivo 等出口廠商，中國本身的剛需占全球 34.6% 是合理的估計，如果包括鴻海、廣達、仁寶、緯創與和碩等電子出口大廠的半導體需求，再對照台韓出口與零件通路商的比重，就可以掌握更精確的訊息。

那麼中國剛需的自給率有多高呢？根據之前的定義，市場的占有率應以 IDM 與 IC 設計公司合計的市占率來估算，因此應以中國 IC 設計產業的營收與長江存儲等在地的 IDM 大廠產值合計，並扣除台積電、三星、SK 海力士等外商，以及中芯國際等晶圓代工廠加工、設備廠的產值。如此估算的話，中國本土半導體業的銷售值僅有 100 億美元上下，真正的自給率大約 5% 而已，這

也是之前中芯國際總裁趙海軍對中國本土半導體產業的評價。

中國是台韓半導體的主要出口市場，除了當地業者的貢獻，外商也有 25% 加工出口的貢獻，中國也希望以市場需求取得半導體四強賽局的參賽權。如同前述，半導體的產業核心是 IDM 與被稱為 Fabless 的 IC 設計公司，這些公司要完成設計工作，必須有設計工具或矽智財的支持，但這些都是美系業者。

IDM 業者雖有自己的工廠，但近幾年基於技術與生產規模、經營效率等多方面的考量，不僅車用的半導體採取輕資產的策略，連產業龍頭英特爾也不例外，而三星也在專注高階商機的戰略布局下，將部分晶片的生產作業委託聯電。西方世界的廠商相互支援、互補有無，但中國的兩大晶圓代工廠，卻深受美國制裁的威脅，只能力保本土的商機，未來前景並不明朗。

在市況極佳的狀態，中國的中芯國際、華虹在 2021 年全球市場的激勵下，也有不錯的成長，但僅在晶圓代工市場排名第五、第六，也還缺乏頂尖的製程。中國半導體業真正離國際市場較近的反而是封測業，台灣業者的全球市占率已達到 53%，中國業者也有 25% 的實力。2021 年全球晶圓代工業者的營收已經達到 1,090 億美元，而下游的封測產業也有 397 億美元的規模。中國廠商如果願意耐心耕耘，其實也有機會追上領先群，但中國要的是「彎道超車」，這反倒可能造成「欲速則不達」的結果！

歐洲再起：疫情下的痛定思痛

歐洲於 2022 年 2 月揭櫫了《歐洲晶片法》（European Chips Act）草案，英特爾旋即於 3 月宣布啟動其於歐洲多國的 10 年發展計劃，台積電也成為歐洲積極遊說投資的對象，讓歐洲半導體發展成為業界關注的議題。

一、歐洲半導體發展現況

歐洲至少有 400 家半導體業者，以英飛凌、意法與恩智浦這 3 家 IDM 業者居首，營業額均達 100 億美元以上。這 3 家業者乍看並未擠入前十大業者，似乎產業地位算不上頂尖，但卻都是一些半導體產品區隔的領導業者。舉例來說，在微控制器領域，恩智浦、意法與英飛凌分別排名第一、二、四名，在功率分立式元件上，英飛凌與意法為第一名（19.7%）與第三名（5.5%）。另在類比 IC 領域，英飛凌、意法與恩智浦各為第四、五、七名。

此外，歐洲亦有不少在半導體產業舉足輕重的業者，像是獨霸先進微影設備的 ASML、半導體 IP 居首的 ARM、藍芽晶片龍頭 Nordic Semiconductor、全球最大化合物半導體及 LED 磊晶設備 MOCVD 業者 AIXTRON，以及感測器業者奧地利微電子（ams）、矽晶圓廠 Siltronic 及 SOI 晶圓廠 Soitec 等。

然而，若以半導體產能來看，則歐洲影響力明顯式微。歐洲曾經是全球主要半導體生產地區之一，2000 年時占全球半導體產

能的 19%，如今已下降到僅 9%。問題出在歐洲半導體投資不足，從 1990 年代迄今，若觀察全球各地區半導體資本支出，歐洲基本上占比都在10% 以下。歐洲有49座8吋廠，遠勝於台灣的23座，但相較台灣有超過 40 座 12 吋廠，歐洲卻僅有不到 10 座。

於是當 2022 年新冠疫情襲來，供應鏈及運籌體系大亂，加上低接觸商機興起，導致半導體供給吃緊時，自身產能不足，又無法跟亞洲拿到足夠的產能時，歐洲的汽車供應鏈就成了受傷慘重的一群。

二、亡羊補牢的歐洲晶片法案

受疫情影響的全球半導體晶片荒，使歐洲核心產業的汽車業大受打擊，歐盟自 2021 年下半起便積極擬定半導體產業發展計畫，以因應未來供應鏈中斷威脅，同時強化歐洲國際競爭力。

2022 年 2 月 8 日歐盟執委會（EC）正式提出《歐洲晶片法》草案，規劃將投入 430 億歐元（含政府與民間投資），帶動歐洲半導體研發及生產投資，尤其著重在先進製程上，並設計相關配套措施，來因應未來供應鏈可能再度出現的短缺危機，其目標希望大幅提升半導體製造產能，從目前占全球 9% 提升至 2030 年的兩成。

此草案主要內容包括歐洲晶片倡議（Chip-for-Europe Initiative）、確保供應鏈安全的新架構、晶片基金（Chips

Fund）、歐盟執委會與成員國間之協調機制（以監控半導體供
應鏈的供應，並預測可能的需求及短缺情形）等。但由於仍屬草
案階段，尚待歐洲議會與歐盟理事會擔任共同立法者啓動立法程
序，方能成爲正式法律。

　　此外，幾個歐洲國家也陸續擬定了半導體發展計畫或獎勵
措施。德國計畫推出 140 億歐元（約 147 億美元）的國家補貼政
策，以吸引半導體廠投資。2022 年 3 月美國處理器龍頭業者英
特爾宣布在德國薩克森安哈特邦（Saxony-Anhalt）首府馬格德堡
（Magdeburg）打造新晶圓廠園區計畫，預計初步投資 170 億歐
元，德國政府考慮補貼的最終金額約爲建廠與設備資本支出的三
成，約在 50 億歐元上下。

　　義大利乃是歐洲僅次於德國的第二大製造國，亦是意法半導
體 12 吋廠所在地，計畫於 2030 年前斥資 40 億歐元（約 46 億美元）
發展半導體製造業。此外，連先前並無半導體廠的西班牙，也通
過一項至 2027 年半導體產業的發展計畫，投資金額達 122.5 億歐
元（約 131.2 億美元），其中包括 93 億歐元（約 99.6 億美元）晶
圓廠建廠資金。

三、英特爾的雄心宏圖

　　英特爾於 2022 年 3 月發布了歐洲 10 年策略初步計畫，預計
投資金額高達 800 億歐元，此投資計畫的核心是平衡全球半導體
供應鏈，拓展英特爾在歐洲的生產能力。英特爾計劃在馬格德堡

興建兩座半導體晶圓廠，並計劃在 2027 年獲得歐盟執委會批准後正式生產。英特爾宣稱將導入埃世代（Angstrom-era）最先進製程，意即為其技術藍圖中的 Intel 20A 與 Intel 18A（約分別等於 2 奈米與 1.8 奈米）製程，依規劃時程預計在 2024 年與 2025 年上線，之後再轉至歐洲廠。

馬格德堡為德國水路與鐵、公路交會之處，距德國最大半導體聚落德勒斯登僅約 2.5 小時車程。美國晶圓代工大廠格芯在德勒斯登設有 3 座 12 吋晶圓廠，英飛凌建有 12 吋廠與 8 吋廠各 1 座，博世也有 1 座 12 吋廠，英特爾的晶圓廠可就近獲得德勒斯登生態系的支持。

英特爾亦將持續愛爾蘭 Leixlip 晶圓廠的擴建計畫，追加投資 120 億歐元，將潔淨室空間擴大 1 倍，以便導入 Intel 4 製程產線並擴大代工服務。此擴建計畫完成後，英特爾在愛爾蘭的總投資額將超過 300 億歐元。英特爾也正與義大利洽談 1 座最先進的封測廠。未來潛在投資額投資高達 45 億歐元，將於 2025 至 2027 年間展開營運。

此外，英特爾規劃在法國薩克雷高原附近新建 1 座歐洲研發中心，除做為英特爾在高效運算和人工智慧產品設計的歐洲總部，亦對外提供晶片設計服務。在波蘭 Gdansk，英特爾也將實驗室空間擴增 50%，著重開發深度神經網路、音訊、繪圖、資料中心和雲端運算領域的解決方案，擴建工程預計將於 2023 年完成。

　　位於西班牙的巴塞隆納超級運算中心在過去 10 年內與英特爾合作開發 exascale 架構，如今亦正在為未來 10 年開發 zettascale 架構，該超級運算中心和英特爾計劃建立聯合實驗室，以推進運算能力。

四、從英特爾布局反思台灣

　　歐洲擁有堅實的汽車、航太和工業自動化產業，而在半導體應用市場中，車用與工業用半導體乃是未來相對高成長的區隔，若擴大在歐洲的事業版圖，將有助於企業的成長。

　　自季辛格於 2021 年就任英特爾總裁後，就開始目不暇給的操作，力圖扭轉當前半導體產業的競爭格局。除了訴諸科技民族主義與國家安全，意圖獲得美國政府龐大的資源挹注外，也試圖透過合縱聯盟與投資購併，在晶圓代工市場迅速坐大。英特爾在歐洲的投資布局，大幅超出了歐洲僅鎖定建立先進製程產能的格局，在盡可能獲取歐洲各國政策資源的同時，英特爾也嘗試建立完整的半導體委外生態系，創造英特爾與歐洲的雙贏。

　　雖然近年英特爾先進製程卡關、產品市占滑落，但數十年來始終位居半導體龍頭寶座，主導電腦運算架構及市場發展的豐厚底蘊仍在。姑且不論之後兌現程度如何，但在歐洲多點同步布局，利用各地差異化資源，打造完整服務體系的宏大企圖，以及過往在愛爾蘭、以色列等海外據點設置與營運晶圓廠的國際化經驗，是台積電力有未逮之處。

對台積電來說，若赴歐洲投資設廠，那這座廠是孤懸海外、營運成本高昂的一座晶圓廠，還是成為台積電融入當地生態系，支持歐洲產業發展的前端平台呢？對政府與台積電來說，若台積電赴歐投資，是視為單一的投資案，還是利用此投資案進一步促進台灣產業上下游對接歐洲市場呢？這是台灣半導體產業，乃至整體產業進一步國際化必須思索的課題。

亞洲新興國家：印度成下一大國？

回顧半導體產業的發展軌跡，1950 至 1970 年代從美國發跡，歐洲跟進，1970 至 1980 年代日本成功發展並憑藉 DRAM 躋身全球霸主，1990 年代起台韓興起，2000 年後中國成為新興勢力。在美歐日韓中台這 6 強之外，新加坡與馬來西亞也是擁有相當規模的半導體製造產業的國家，但多以外商為主，在 IC 產品市場上不具影響力。那麼，下一個同時具有 IC 產品與 IC 製造能力的新興國家會在哪裡呢？印度是最被看好的明日之星。

印度於 2021 年 12 月公布「半導體印度計畫」（Semicon India Program），希望推動包括晶圓廠、面板廠、封測廠、化合物半導體、IC 設計等在內的半導體供應鏈。此計劃讓印度是否能繼中國成為下一個半導體新興國家的議題，成為產業關注焦點。

事實上，印度的半導體發展歷程比一般所認知的來得早。1983 年資訊科技部下成立了 Semiconductor Complex Limited

（SCL），自美國 American Microsystems 轉移技術，是一間整合設計、製造、封測的 IDM 公司，於 1984 年成功生產 5 微米 CMOS IC。但其工廠在 1989 年一場大火中，付之一炬。

2005 至 2007 年間，英特爾及超微都曾明確表示投資印度封測廠計畫，但印度的保護主義讓兩家大廠決定放棄投資。2014 至 2019 年間，印度再度決定補助兩家由印度本土企業 Jaypee Group 及 HSMC 主導的企業集團發展晶圓代工業務，只是兩樁投資都因故中止。

一、半導體印度計畫成發展新契機

「半導體印度計畫」是印度 10 年來最大規模的半導體及面板補助計畫，希望在全球晶片短缺、亞洲供應鏈朝向分散化布局的趨勢下，建立完整的半導體及面板供應鏈，補足印度電子供應鏈中最缺乏的兩大塊拼圖，補助金額約有 100 億美元的規模。

印度在半導體製造上，可說仍處於拓荒時期，但在 IC 設計上卻已經蓄積了許多人才及設計能量。印度於 2022 年在邦加羅爾舉行首屆 Semicon India，總理莫迪致詞時便指出，全球 IC 設計工程師中有 20% 來自印度，在印度本地便有 2.4 萬名 IC 設計工程師，而全球有 250 家 IC 設計相關公司在印度營運。

根據 DIGITIMES 的資訊，在印度設有研發據點的知名外商就包括高通、輝達、超微及賽靈思（Xilinx）、博通，為英飛凌

所購併的賽普拉斯（Cypress）以及聯發科等。本地也有 Cerium Systems、Insilica、Saankhya Labs、Sankalp、SeviTech Systems、Tata Elxsi、Wafer Space 等 IC 設計公司。而在 EDA/SIP 方面，新思、益華、西門子 EDA 及 Ansys 這幾家全球主要業者均設有研發據點，本地也有 Einfochips、Kasura、Masamb、Silicon Interfaces 等業者。

在製造上，以 8 吋晶圓生產 0.18 微米製程的 Semiconductor Laboratory 納入印度太空研究組織後，已不再服務一般商業客戶，隸屬印度國防部下的 SITAR 則僅能以 6 吋晶圓生產 0.1 微米的產品。在封測方面，印度有 SPEL Semiconductor、ChipTest Engineering 等業者提供封測服務，但發展遠不如馬來西亞。

「半導體印度計畫」推出後已有多家業者提出申請，其中在晶圓廠方面包括印度礦業集團 Vedanta 與鴻海合資成立的新公司，鎖定 28 奈米及以上成熟製程，聚焦晶圓代工業務。阿布達比私募基金 Next Orbit Ventures 和被英特爾購併的以色列高塔半導體（Tower Semiconductor）合資成立 ISMC，將設置 65 奈米製程類比晶片代工產線。新加坡 IGSS Ventures 則規劃投資 1 座半導體廠。美國功率元件業者 Ruttonsha International 規劃投入化合物半導體製造。該公司甫於 2021 年 12 月收購美國 Silicon Power Corporation 旗下 Visicon Power 100% 股權，進軍碳化矽領域。

在封裝廠方面，印度本地 IC 封裝業者 SPEL Semiconductor

將擴大投資。在 IC 設計領域，共有 Terminus Circuits、Trispace Technologies 及 Curie Microelectrics 申請加入印度的設計連結激勵（DLI）計畫。

二、半導體出海口：手機與電動車

「半導體印度計畫」是印度總理莫迪上任後最重要的補助計畫，單項計畫金額是各項計畫之最。先前計畫包括大規模電子製造（手機）PLI、IT 硬體（NB、平板電腦、AIO PC、伺服器）PLI、SPECS、EMC 2.0 預算金額加總約 75 億美元，先進化學電池、潔淨能源車（電動及燃料電池車）、電信網通產品、高效率太陽能電池及白色家電等 PLI 預算加總約 130 億美元，加上這次的半導體及面板製造，莫迪政府迄今已投入 300 億美元，力求印度成為電子製造基地。

半導體是科技供應鏈的上游，需要下游產業做為出海口，從需求端來拉動半導體市場的發展；近年來隨著上述印度政府推動電子製造產業的積極政策、美中貿易戰造成的供應鏈轉移，以及印度內需市場的成長潛力，出現了兩個具吸引力的半導體市場。

首先是手機，印度乃是繼大陸後最具規模潛力的市場，目前全球智慧型手機的主要業者都積極建置印度供應鏈。蘋果 iPhone 有 3 家主要代工業者鴻海、和碩與緯創：緯創自 2017 年在印度卡納塔克設廠，目前主要生產 iPhone 12，和碩及鴻海都設在隔壁

的泰米爾那都，2022 年 4 月投產的和碩廠主要生產 iPhone 12，鴻海則是 iPhone 11 到 13 都有生產。據印度《Economic Times》報導，在緯創與鴻海擴產及和碩印度廠投產助力下，iPhone 新一會計年度的印度產值可望較前一年增加近 4 倍。目前印度生產的 iPhone，約有七成是用來滿足內需，三成用來出口。

此外，根據「三星電子無線事業部海外生產據點改編案」規劃指出，三星預計於 2022 年將越南廠原本約 1.82 億支的手機產量，移轉部分至印度及印尼，未來逐步擴大海外生產體系的重組，印度廠的產量將自 2020 年的 6,000 萬支大幅提高到 1.08 億支。屆時印度廠將占三星總產量的 25%，超過越南太原廠（SEVT）21%、越南北寧廠（SEV）18%、印尼廠 14%、巴西廠 6%，成為產量最大的生產基地。而就 2021 年第 4 季數據來看，印度出口的手機中有 78% 由三星電子貢獻，遙遙領先蘋果的 13%。

此外，小米預計將與印度 Dixon 合作，OPPO 與 vivo 與印度 Lava 合作，由這兩家印度本地 EMS 業者負責手機組裝，最快在 2022 年便能開始出口。

另一潛力市場是電動車，若以數量來算，印度本地交通載具市場中，兩輪車與三輪車占了 95% 市場，小型乘用車與巴士僅占 5%。由於印度是全球空污最嚴重的國家之一，且能源八成以上仰賴進口，因此近年印度政府針對油電混合車和純電動車製造業者推出各項政策，希望促進產業發展，並大幅提升電動車普及率。

　　塔塔集團正大力投入電動車事業。塔塔於 2020 年開始生產電動車時，絕大多數零組件都是仰賴進口，但目前已有約一半零組件可在地製造，不過最關鍵的電池是向中國採購後組裝，塔塔自行開發電池管理系統，並負責回收。

　　印度最大汽車外商鈴木汽車，於 2022 年 3 月宣布投資計畫，投資約 13 億美元在印度西部古加拉特邦（Gujarat）生產電動車與電池。電動車預計將在 2025 年起投產，電動車電池則預計在 2026 年開始生產。

　　鈴木汽車也決定在印度北部哈里亞納邦（Haryana）追加投資約 14.2 億美元，建設以電動車為主的新產線，估計年產 25 萬輛，以配合鈴木 2025 年起在印度生產電動車，及印度政府對車廠 2030 年銷售新車至少 30% 是零碳排車的目標。

四、發展機會與挑戰

　　在美中對峙的世界體系下，印度除了地理區位的重要性，做為未來全球第一大人口國與未來第三大經濟體，是美國印太戰略的結盟對象，在美國、日本、印度及澳洲所組成的四方安全對話「Quad」（Quadrilateral Security Dialogue）機制下，4 國同意攜手打造安全的半導體供應鏈，維護半導體及關鍵零組件的供應安全。以過往美國對盟友的經驗來看，未來應會積極協助印度的經濟與產業發展，再加上前述供應鏈轉移及龐大內需市場的趨勢

下，形成對半導體產業發展的有利契機。

　　但短期來說，印度水電、交通等基礎設施的欠缺或不穩定，以及目前投入的業者相對都不是半導體界最具規模的業者，甚至頗多缺乏量產經驗，需要多長時間建立學習曲線還是未知之數。

　　其次，下游產業及相關配套發展已漸趨成熟，但主要以生產為主，且不少是採 CKD、SKD 模式運作，若下游沒有足夠的產品開發能力，對上游半導體而言，就無法形成足夠規模的市場。此外，從下游系統產品到半導體上游設備材料，乃至其他電子零組件，印度仍然在部分環節課以相對高的進口關稅，雖目的是為了保障本地產業發展，卻可能揠苗助長、顧此失彼。

　　過往在印度汽車供應鏈的發展上，日韓扮演重要角色；近年在科技供應鏈的發展上，台韓則舉足輕重。對於印度半導體的發展，聯發科與鴻海是目前台灣的主要參與業者，台灣的 IC 設計業、晶圓製造業、IC 封測業皆有機會扮演關鍵角色，問題在於在台灣半導體業者的事業發展藍圖中，印度市場應該擺在什麼樣的位置呢？

第二章
美中格局下的台灣半導體產業
發展策略

大國政治勢力移轉之際，都是改變世界遊戲規則的關鍵時刻，而台灣就如同打開旋轉門的旋鈕。美中在意識形態上對立，在國家利益上有著截然不同的假設與定義，這樣的改變不可能是和平過渡，必然是驚天動地的變革。中國發展經濟的最大亮點是種類齊全、國內市場需求大，缺點是缺乏創新，他們在新一代的第三類半導體、航天電信、量子、人工智慧等新興領域上能以創新力改變舊的框架嗎？

在 4G 與 5G 電信環境導入的過程中，中國一馬當先，塑造了全球最領先的應用環境，而中國以自己的手機產業、龐大的人口當後盾，我們確實看到衍生的商機令人垂涎。當我們發現無人機橫掃國內外市場，甚至新一波瞄準元宇宙的 AR 設備，中國已經做出價格在 600 美元以下、依附在手機上的低價產品，這是否意味有些競局賽道將會由中國來叫板？

也許我們可以說美國網路巨擘會在一體機上超前，然一體機背後的應用處理器、導航功能，甚至軟硬整合能力才是未來勝負的關鍵。但中國以量取勝，憑藉內需市場與世界工廠鋪陳了龐大的硬體商機，仍然在全球供應鏈上是領先群雄的市場地位。

19 世紀，馬漢（Alfred Thayer Mahan）少將奠定美國成為海權國家的理論基礎，他從生產、地理條件、運輸與加煤站的地理位置，推演美國的全球海軍布局，至今仍是美國人奉為圭臬的經典。美國人在國土往外延伸的兩側都有大型艦隊，二戰中不曾遭遇兵災的美國，從未想過要在國土上作戰，他們的第六艦隊遠在地中海，第七艦隊在遙遠的西太平洋，並規劃要放在印度洋的第八艦隊，以及北冰洋的第九艦隊，甚至將要面對網路時代的第十艦隊，可能是要進行虛擬作戰的網路部隊。而中國當局則是善用當地市場，以各種補貼的方式促成當地企業提早起步，這些都是各國產業戰略的一環。那我們對於影響台灣國家戰略的半導體與供應鏈又有多少理解與論述呢？

就像對於溫室效應的預測，如果我們知道 10 年或 20 年後，海平面將上升 10 公尺，我們會無所作為，順其自然嗎？台灣看似強大的產業，其實也是各國覬覦的商機。英特爾前執行長葛洛夫在《10 倍速時代》一書中提到，「如果您是產業領袖，別人會想盡辦法分享您的成果，直到您一無所有」。

台積電的成功經驗，不僅促使英特爾、英飛凌主張美國、

歐洲應該有自己的半導體產業，高盛前總裁也提出台灣是中國鎖定的目標，過度倚重台灣的生產體系並不是聰明的做法。懷璧其罪，加上兩岸特殊的政經環境，半導體這個全球矚目的產業，雖是菁英匯聚，但也處處陷阱，稍不慎就可能萬劫不復，用「脆弱」（Vulnerable）來形容台灣的地位應該是貼切的！

　　產業進入成熟階段，從美中 G2 格局下的大戰略來看地緣政治，重要性已經超越一般經營的層次。政府與大企業都試著尋求政經專家的協助，為地緣政治背景下的經營戰略下錨。我們一方面得認真體會美國要重新掌握供應鏈的意圖，理解專制但具有明確戰略的中國政府，也可能集中資源、善用市場，取得下一個階段的攻擊點。另一方面，這也是一次台灣轉型升級，結合歐美企業開拓新商機的絕佳機會。台灣應以「半導體」、「供應鏈」兩大區塊的需求，從垂直分工、水平擴張兩個角度建構未來 10 年的國家發展戰略，而各國業者也可以從台灣穩健的生產體系中，找到最佳化的策略組合。

　　從半導體、供應鏈兩大議題出發，我們知道以美國為主的西方體系最擅長的是定義市場、創新技術、軟硬整合。中國則以國進民退、技術攻堅、市場誘因走入下一個階段的賽局中。

　　面對新的競爭環境，小而美的台灣可以從半導體下手，垂直深化台灣的競爭力；從供應鏈下手，則是水平呼應地緣政治的大環境下，以台灣供應鏈為樞紐進行橫向的合作。多元連結未來可

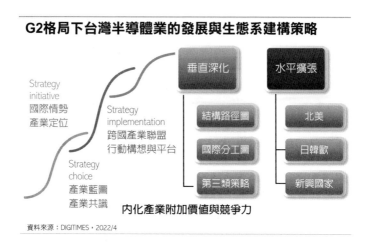

G2格局下台灣半導體業的發展與生態系建構策略

資料來源：DIGITIMES，2022/4

能的發展契機，將深度影響全球的運籌體系，以及供應鏈在新興市場、新興產業的戰略價值與運作機制。台灣現在不僅站在產業的轉折點上，甚至是啓動兩方勢力優劣的旋鈕。

　　針對以上的核心思維，我們在本書最後一章彙整前面所提要點，也從「策略發想」、「策略選擇」、「策略落實」等3個步驟，針對垂直深化與水平擴張兩條路徑提出策略方案，逐一探討台灣如何持盈保泰，妥善安排與美中及其他各國的關係，並在這一波大潮中高奏凱歌。

策略發想（Strategy initiative）

　　台灣半導體產業從無到有，將近半世紀的發展經驗，其實不僅累積了雄厚的基礎，企業創新與事業模式的定位，更在整個發

展過程中留下豐富的知識資產。這些世界級的教材就在身邊，這些案例正因為他們符合台灣的政經社會條件，而在過去半世紀中得以落實。

1970、1980年代以政府層級啓動的RCA計畫，成立工研院、打造科學園區，甚至小到MIC計畫都是成功的典範。在企業經營模式的創新上，1980年代早期，聯電專攻消費電子晶片，之後逐步演化為晶圓代工、IC設計業，並與1990年代後蓬勃發展的個人電腦供應鏈，共同形成台灣產業不可撼動的競爭優勢。2000年以後，台積電結合了優質人力、土地資源、政府政策、資金成本等台灣最大的張力，「梭哈」了整個產業，也創造了台灣不可替代的優勢。

1998年創業的聯發科，從產業的萌芽後期、成長初期，以優質技術、最高的性價比切入市場，重新定義市場，以「平價奢華」的概念推出性價比最佳的晶片，一路從CD-ROM、DVD-ROM走向手機應用處理器，透過購併來完備技術布局，也以積極進取的新興國家戰略，從山寨走向主流，如今已經成為全球五大IC設計公司之一，也是產業界的經典教材。聯發科超前部署，但不貪攻、不冒進，質量兼顧，也是台灣人務實性格的充分顯現。

然而，半導體產業不僅僅是檯面上的明星產業而已，在分工愈來愈精細的半導體業中，日月光超前部署，整併環隆電氣，極大化精密封裝技術，併購最強的競爭對手矽品科技，成功避免

了矽品落入敵營的幕後策略，都應該給予高度的肯定，而這也是 2021 年日月光控股集團營收突破 200 億美元的關鍵。

2005 年，在整個半導體供應鏈中並不起眼的零件通路商，由世平興業、品佳、銓鼎、友尚共組大聯大控股集團，不僅讓零件通路商擺脫供需兩端擠壓的困境，強調「前端分，後端合」的大聯大集團，甚至能橫向投資台驊，布局智慧運籌體系，這也是台灣產業界的經典之作。更細膩的產業分工方面，在晶圓製造與封測產業之間，為了避免生產作業的失誤，欣銓、閎康與中華精測都從晶圓級測試流程的價值鏈中找到新創商機。他們將來是獨立、中立的運作，或者會整併到大集團，我們深信都會在產業發展的過程中找到出路，但能妥善調和這些細膩的分工，原因之一在於台灣地狹人稠，幅員小，且與產業連動關係密切，確實擁有比任何國家都更有利的條件。

未來，台灣無論是在產經結構、國際貿易定位，都必須延續半導體產業優勢，並且嚴謹地檢視與民主國家、新興國家的合作機制。台灣的產業成就與經驗，意味著在其他國家推廣、複製的可能，一旦更多國家複製台灣模式，與台灣之間的深度連結，也可以在多元、矩陣的產業格局中，創造更高的價值。

過去 30 幾年半導體產業的發展歷史，已經證明台美合作是半導體業最成功的勝利方程式。基本上，美國企業定義了市場，建立標準，提供組織的運作模型，過去台灣遵循美國主導的產業

遊戲規則，以製造業的 DNA 爲全球頂尖客戶代工，對全球而言是個「無害的戰略伙伴」。台灣不僅對美國無害，對日本、印度，甚至對中國也無害，而這也是台灣以看不見的軟實力登頂世界舞台的成功模式。

半導體產業起步初期是爲了滿足企業內部需求，然後慢慢從1970 年代開始演化出飛捷、德州儀器、英特爾這些專業的半導體公司。1990 年前後，專業的 IC 設計公司興起，但缺乏蓋廠的資本與人才，台灣獨有的晶圓代工模式便成爲大家的選擇。在產業競爭日趨激烈的過程中，晶圓代工廠往下連結封測廠商，IC 設計公司也與系統端的原廠有更多的合作。

我們已經可以看到，包括車廠、網路巨擘都會往上游定義晶片需求，例如 Google 與三星合作打造用於 Pixel 6 及 Pixel 6 Pro 的 Tensor 晶片，特別強調人工智慧與圖像解讀功能。我們看到了產業發展模式出現「復古」的跡象，系統原廠開發晶片以及晶圓製造廠整合尖端封測功能，都將爲產業帶來新的面貌，但半導體製造雖是不可或缺，在美國卻非科技人才移動的主流，這也讓東亞的半導體業有更大的空間。

在網路企業裡悠遊的新世代人才，談的是 Web 2.0、Web 3.0，在可預見的未來，台灣現有的生產與事業經驗，仍將是美國科技巨擘最可靠的生產製造伙伴。但台美合作必須跟著地緣政治與國際關係的改變，擘劃新藍圖。新的戰略必須超越傳統框架，

創造新的價值，而不是在後全球化時代，仍然依循傳統機制的作業疊加與買賣。

美國長於訂定標準、掌握市場，而台灣優於製造效率、落地生根。科技業流傳著：「美國人很會問問題，台灣人很會答覆問題」的說法。美國只要問對了問題，台灣人總是可以找到性價比最佳的解決方案。

然而，美式資本主義容易落入贏家全拿與寡頭的結構，在人口密集的新興國家更容易造成社會階層的落差。台灣雖是資本主義的社會，但以中小企業為主體卻有大企業格局的電子業，對於落實跨國生產體系，具有無可比擬的優勢。以全球代工製造排名第一的鴻海集團為例，該公司有超過 100 萬名的員工，其他台灣百億美元等級的電子製造廠，員工多超過 10 萬名，前十大廠分布全球的工廠，聘用超過 200 萬名員工，對於提供各國低技術能力勞工的工作機會具有無與倫比的貢獻。

隨著時代的推移，區域分工體系的興起，台商也要從過去單純製造，進化到多元生產、在地服務、現地募資的經營模式，並且善用背後的供應鏈體系「落地生根」。與在地企業合作，不僅有助於升級轉型，也可協助在品牌市場上占有全球一半市場的歐美日廠商，在商業網路的神經末梢上，創造更大的價值與意義。

美商對台商最大的價值在於次世代的技術、設備、材料產業與量子技術、人工智慧產業化的連結等。以元宇宙為例，台商在

5G 基礎建設、數據中心、頭戴式裝置等都可以扮演關鍵角色。至於應用場域、使用情境,以及區塊鏈、虛擬貨幣的應用環境建構,並非台灣所長,就算有一、兩家突出的企業,也很難長期延伸價值,與美商反倒可以形成絕妙的連結。更長期的戰略性考量是智慧電網與電力儲存設備、低軌衛星(地面接收站等),以及第三類半導體營運計畫等。這些前瞻項目,高度需要尖端科技人才與完整的生態系。以下試著從垂直深化與水平分工來發想未來的策略。

一、從垂直深化看策略發想

從分項產業看垂直深化的路徑,在電腦運算、行動通訊領域,台灣已經證明是全球供應鏈的關鍵環節。但即將來臨的電動車、自駕車商機,產銷模式將從過去由上而下、接 OEM 訂單的傳統機制,進入軟硬整合、在地需求、多元分工的新時代。在設備材料方面,ASML 在極紫外光的獨占與無法準時供貨,是今日供需失調的原因之一。其他如美國應用材料、科林研發,日本的東京威力科創、愛得萬等設備業者都有獨到之處,台灣捉襟見肘,且已經看到產業能耐的極限,能往設備材料發展的空間餘裕有限,「取捨」就成為戰略中的重要思考。如果台灣裹足不前,甚至進退失據,那麼受創的不僅是台灣,甚至將會是全球產業的損失,從產業面觀察,這是台灣需要慎思的部分。

在技術面,我們看到人工智慧、量子技術、記憶體內運算等

商機不斷出現，每一種新的變化都將產生新的變數，如果台灣連製程、設計工程師都短缺，如何前瞻人工智慧、量子技術，甚至在第三類半導體上再創高峰呢？

當然，台灣已經擁有不錯的領先地位，政府、社會對於半導體產業也有一定的認識與支持。所以，從深化產業實力的角度出發，台灣有豐厚的實力，也還有很多事可以做。預期在 2028 年，全球半導體市場將會突破 1 兆美元，如果台積電、聯電、聯發科、日月光這些頂尖企業的市占率不變，台灣還需要做哪些事呢？

二、從水平分工談策略發想

美中之間的矛盾，牽動了產業分工體系，台灣以最大張力的產業資源，搶到全球最有利的地位，如果台灣的資源只能持盈保泰，無法大規模開疆拓土，那麼水平分工、借力使力、分散風險，將會是非常重要的思考。

除了台積電受邀到美國亞利桑那投資設廠之外，如何定義台灣與日本、德國，甚至新加坡、印度之間的長期伙伴關係？台灣應優先理解全球主力業者、國家的布局與需求，以及進入到水平分工時所需要的各種資源。對於水電、土地等基礎環境的需求，台灣應該有明確的國土資源運用戰略，基礎設施的不確定性，將是台灣半導體業最大的隱憂。

策略選擇（Strategy choice）

　　在策略的選擇上，我們首先要重新繪製台灣的產業藍圖，建立產業發展共識。1980 年代剛剛經歷過石油危機與台美斷交的台灣，每個人都知道必須在傳統工業之外尋找新的核心產業，以個人電腦與網路行動通訊為主的產業發展是那個時代的共識。1990 年代開始，朝野都明白必須透過公開募資的手段，建立量產的機制，台灣人的勤奮、效率、可信賴的經濟規模是與上游原廠合作的基礎，這些也都是共識。現在台灣要扮演的是全球產業樞紐的角色，這個角色在產業實務上是供應鏈的關鍵環節，在國際分工上也是台日韓共構的科技島鏈與印太戰略中的關鍵環節。所以瞄準這個目標，繪製產業發展藍圖，維持這個關鍵地位，或者願意付出最大可能的代價繼續強化優勢地位，在最大程度上也應該是我們的共識。

　　除了美國之外，台灣、日本、韓國分列半導體業前四強，韓國在半導體產品市場上的影響力超過台灣，但在製造上侷限於記憶體，整個產業的實力與台灣在伯仲之間。至於一度可以威脅美國的日本，在 2000 年以後江河日下，現在甚至沒有最先進的製程。但日本除了檯面上的瑞薩、SONY、鎧俠、羅姆之外，後端的設備、材料工業依然是世界的翹楚。

　　在美中 G2 的大格局中，台日韓三國在面對中國時也各有各

的難題。台商的生產體系高度仰賴中國，兩岸的政府似乎都沒有打破格局的想法，台商除了貢獻生產機制、就業人口之外，台灣出口的半導體 60% 輸往中國，這也是兩岸相互依賴的產業結構。而在終端產品的製造上，韓國對中國的依賴度不如台灣，在中國社會成本高漲的 2010 年開始，三星就逐步將手機、電視的生產基地遷往越南等地，而 LG 的生產基地更加分散。韓國仰賴中國的反倒是海外最大的記憶體工廠，三星在西安的 NAND Flash、SK 海力士在無錫的 DRAM 工廠都超過全球產能的四成，沒有中國工廠的三星、SK 海力士，不僅產能會出現缺口，甚至可能面臨撤守中國市場的困境。如果台海開戰，三星、SK 海力士會像烏俄大戰後，麥當勞或華碩退出俄羅斯市場那麼簡單嗎？可以想見美國在 2022 年春發起 Chip 4 產業聯盟時，率先表示反對的就是韓國。對韓國企業而言，中國工廠與市場是公司命脈的一部分。

　　2019 年 7 月，是日韓關係的分水嶺。日本限制半導體的 3 種材料輸往韓國，在兩國的政經關係上掀起軒然大波。但這並非偶然，而是日積月累的民族情感，日本人畫出了紅線，但也明確展示與台灣進一步合作的企圖。除了先進製造、前瞻技術之外，台灣會在設備、材料上有新的期待，甚至與羅姆等二線廠之間的結盟、分工，以及第三類半導體的商機分享等，都可能會列入台日合作的範疇中。

　　台日友好，韓國又因為中國工廠與當地市場的需求而躊躇不

前，甚至與中國藕斷絲連、暗通款曲，這些都會是美中 G2 框架下的破口。美國不至於與中國走到「貿易斷交」的程度，但如果制裁有效，中國經濟走跌，那可能又會是另一個新的局面。

我們必須從現階段生產製造到新階段的技術變革，一一理解台日韓與中國互動的關係。領先群倫的美國如同太陽般普照大地，但鄰近的中國卻像每日影響生活的潮汐。我們對於美國主導的國際秩序有所期待，卻無法忽視潮起潮落與台灣之間的連動。

在未來中國受到限制時，台灣結合量產大廠、零件通路商與SGS、UL 等發行認證的企業，可能成為過濾尖端科技的「守門人」，中國也可能利用台灣繼續扮演接觸先進科技的窗口。但世界不會總是按照我們的期望運轉，意識形態影響了經濟運行的方法，甚至對於價值與生活方式的選擇。

一、戰略人才從何而來？

半導體動見觀瞻，已經牽涉到產業專業、政策布局，以及不同勢力之間妥協等複雜的議題。從過去 10 年美國政府的內閣與國安團隊推敲，大概可以知道美國對中政策的鴿派多數來自華爾街，他們追求最大的商業利益。美國前財政部長鮑爾森（Henry M. Paulson）在他的書中《與中國打交道：美國前財長鮑爾森的二十年內幕觀察》寫到與中國打交道的經驗，華爾街背景的專家談的是如何從國企民營化、網路巨擘到美國上市的商業利益。

　　我們不能否認蘋果基於龐大的商業利益，目前仍將用戶的資料存放於中國的數據中心，但商品卻無法進入中國，或者受到限制的 Google、Meta、微軟對中國雖不至於口出惡言，但相對保持距離。沒有企業願意放棄來自中國的龐大利益，美國的產業界、金融界多數屬於鴿派。

　　美國政府中的鷹派，很多是長期研究中共的中國專家，如川普時代的博明（Matthew Pottinger）、納瓦羅（Peter Navarro）、班農（Steve Bannon）等，他們深知與中國的對抗不僅是關稅等這些工具而已，他們認為中國長期收買學者、媒體，甚至提供特定對象商業利益，美國與中國的對抗是一種體制上的對抗，必須從社會底層開始布局，因此輿論就更加重要了。

　　強硬的鷹派也分成兩種，一種認為中國的未來，自己會找到出路，但絕對不能讓中國威脅美國的國安與國際利益。另一派則認為中國的問題在中共，要讓中共垮台，國際社會才會長治久安。

　　美國人良性競爭觀念與中國的「鬥爭」之間有極大的差異，就像蘇聯一樣，他們的認知是如果無法打敗對手，終究有一天會被打敗，「共存」是種不切實際的夢想，鬥爭才是常態。出於基本理念的不同，儘管歐巴馬時代擁有很好的契機，但顯然錯過了平衡美中關係的機會。之後的川普、拜登時代是兩國實力相對接近，足以威脅美國霸業的時代。

　　在資訊電子業中，華為、中興大規模掌握網通市場，阿里巴

巴、騰訊等網路公司的繁盛，滴滴出行等中國獨角獸崛起，甚至比亞迪、立訊、藍思這些在供應鏈上逐漸取台商而代之的製造廠，一時之間中國勢力無所不在，也都鬥志昂揚。

在川普政府時期，白宮貿易與製造政策辦公室主任的納瓦羅（Peter Navarro）是知名的經濟學者，而軍人在國安體系影響力很大，甚至有機會擔任國務卿，如國防部長馬提斯（James Mattis），曾任美國中央司令部司令、北大西洋公約組織盟軍轉型司令部最高司令。綽號瘋狗的他有一句名言：「要有禮貌、要專業，但要有能力殺死你每一個遇到的敵人」。

在《華盛頓郵報》、《華爾街日報》等政經媒體上揚名立萬的記者都不是省油的燈，博明（Matt Pottinger）在中國為《華爾街日報》工作7年，以32歲之齡加入海軍陸戰隊，之後發表了一些針對中國的評論受到歐巴馬政府的注意，才加入政府主管亞洲事務。川普政府成軍初期並沒有知名的中國專家，是在執政之後才開始找人的。除了找來最有影響力的中國專家博明之外，還有請來中國問題作家白邦瑞（Michael Pillsbury）擔任美國國防政策顧問。而美國國務卿龐培歐（Michael R. Pompeo）則找到中國出生的余茂春教授當軍師，一心一意要打垮中共。

鷹派知道，只有繼續鬥爭才能取得有利地位，甚至連派駐到亞洲的大使都必須是鷹派。現在鷹派抬頭，與中國的競爭是共識，美國當權派深信不斷地挑釁、叫罵，利用台灣、西藏做為激怒中

國的籌碼，有利於美國在美中談判中取得有利的地位。

　　美國是民主的社會，政權輪替，參與執政的人會將經驗透過出版、受訪與演講分享他們所看到的世界。從 2012 年開始，執政 10 年的習近平政府，大的政策方針也有跡可尋，「中國製造 2025」、「一帶一路」共構的國際政治與產經戰略都有獨到之處。

　　在談台灣的產業戰略時，我們很難跳脫地緣政治的影響，也應該從理解環境、定義問題開始做起。台灣之所以動見觀瞻，關鍵在於我們擁有「無可替代」的產業環節，而不是因為自駕車、人工智慧、資訊安全，甚至量子技術、低軌衛星這些技術性的議題。從國家戰略來說，我們必須探索的是可能帶來結構性影響的趨勢與策略，而不是技術上的枝節或個別領域的優勝劣敗。

　　美中貿易大戰是驅動這一波產業變革的關鍵，而在背後的科技產業議題中，半導體與供應鏈是核心，我們需要政經學者參與專業議題的討論，當然要有一組專家能夠深度探索美中 G2 大戰背後，或者 G2 之後，台灣還能做些什麼？

　　不要只記得手上有幾張好牌，一旦遊戲規則變了，過去的優勢將成為未來的負擔。毫無疑問，半導體與供應鏈是台灣與國際接軌最重要的戰略武器，在跨國合作，創造雙贏、多贏的議題上，以半導體與供應鏈為槓桿，既有利於產業發展，也能降低合作國家的經營風險。既然如此重要，台灣就要認真籌組「產業戰略國家隊」，為台灣籌謀短、中、長期的經營之道。如果我們知

道百億美元等級的台灣重量級企業都在往外尋找更多戰略顧問，台灣政府最高層的「民間諮詢委員會」籌組方式，也到了應該與時俱進的新階段。

二、垂直深化之策略選擇

產業戰略的基本思維是「如何以有限的資源，取得最大可能的競爭優勢」。如果我們同意台積電的模式是極大張力地善用台灣最有利的資源，也同意類似的策略必須結合其他國家才有可能創造出新的效益，那麼在產業垂直深化的策略選擇上，就必須更有國際觀，瞭解各國半導體與供應鏈上的核心戰略，以及與台灣共創、共榮的機會。

從深層次的技術考量，台灣不見得是要研發最尖端的人工智慧、量子技術，而是該學習導入這些關鍵技術的方法，並建立技術導入的平台。

三、水平分工之策略選擇

以製造業為主的台灣，在亞洲供應鏈 100 大、全球 EMS 100 大的研究，都是我們掌握資訊，推演國家戰略的重要基礎。以包括汽車產業在內的亞洲 ICT 產業供應鏈 100 大為例，中國 37 家、日本 33 家、台灣 14 家、韓國 11 家，印度與印尼也有 3 家與 1 家，這些在全球供應鏈上處於頂尖地位的亞洲製造大廠，如何布局未來的事業？在全球 EMS 100 大中，台灣貢獻了 75% 的產值，但除

了幾家美商之外，東協各國都有 1、2 家營收超過 10 億美元，專攻製造的在地 EMS 大廠，這些廠商在台商往東協、南亞移動時，是競爭對手？還是可以成爲融爲一體的合作伙伴呢？

除此之外，各國的電信服務商、系統整合商，以及新興的獨角獸企業都必須在台灣觀察全球產業變化的雷達範圍之內。這些研究方法在 1980 年代的 MIC 計畫中都曾演練過，調整政府智庫，針對台灣長治久安的國家戰略布局進行深度的研究，才是政府智庫的當務之急，而不只是在大衆媒體上侃侃而談手機出貨量這種枝節的問題。

策略落實（Strategy implementation）

台灣必須在美中 G2 格局下，檢討 ICT 供應鏈的升級與轉型。一旦我們確認全球的產業往 G2 的架構發展，如同工業電腦業的前輩何春盛所說的：「2000 年時，如果您沒有中國政策，那您是個笨蛋；2020 年時，如果沒有美國政策，那也是個笨蛋」。

2022 年 6 月底，全世界獨角獸企業有 1,170 家，其中有過半來自美國，但來自中國的比例從 6 年前高峰時的 24%，降到現在的 15%。自中國打壓網路產業，推動「共同富裕」（Common Prosperity）以來，中國網路企業不似過去 10 年那麼興盛，也不再如以往可以輕易地到西方世界募資。阿里巴巴、京東、騰訊都傳出大規模的裁員潮，過去被認爲口袋深不見底的中國網路公

司，如今開始面對新的環境。

　　曾在中國數據中心、網通市場搶到一些商機的台商，一方面難以期待更大的商機，二方面也必須面對西方客戶對於資安上的疑慮，更多的生產與運籌體系回到台灣或前往東協、南亞的趨勢不可避免，只是，台灣準備好了嗎？

　　配合核心產業返台營運機制（如伺服器、尖端封測、運籌等），還有土地政策、人力調節、社會教育，以及導入各種先進應用的工控體系、軟體服務商等，都需要再進化。

　　除了台灣之外，我們也應認真考量到海外複製科學園區經驗的可能性，東協、南亞能有科學園區的次營運中心嗎？台灣從竹科到中科、南科的發展經驗舉世皆知，如能複製海外，不僅可以旗幟鮮明地得到台商的支持，也可以適當保障台商權益。

　　當英特爾、英飛凌說美國、歐洲都應該建立自己的半導體工業時，台灣的主張是什麼？中國的生產基地外移時，對台廠而言是機會還是挑戰？日韓會如何因應，越南、印度、泰國、馬來西亞、新加坡各有因應之道，台灣知道多少？因應之道又是什麼？

　　在台商回流聲中，我們完全贊成經濟部以「智慧製造」做為審核台商獎勵措施的依據，只是台灣針對智慧製造的論述闕如。每家廠商都在談 ESG，因為淨零減碳的壓力，幾年後將是台灣廠商競爭成本與生存的關鍵。大家都知道數位轉型十分關鍵，只是沒有人知道量產型製造大廠的 IT 投資，應該占營收的多少百分

比？政府會不會在租稅上著手，讓更多的企業願意為台灣長期的競爭力而戰？

網路時代的產業競合策略，需要東協與新興市場的專家，當然也希望有人分享矽谷近況；而從台灣出發，瞭解日、韓與歐洲的產業專家也不該忽略。我們該談的不僅僅是電動車、人工智慧、量子技術的技術細節，或單一產業的深化趨勢，更多應該是橫向的產業連結與競合關係。

中國希望美國有「策略性的耐心」（Strategic patience），而現在美國採取的策略是「極限壓力的策略」（Strategy of maximum pressure），不點不亮，成為美國政府的共識，廠商與廠商之間沒有絕對的競爭關係，國家與國家之間亦然。事業的競爭總是如此，國家戰略的形成也要跳脫傳統的思維。在新的時代，我們不可能用工業時代的思維面對新的問題。

亞里士多德說：「只有能力所及的事才值得討論」。那麼哪些是台灣有能力參與的關鍵議題，就成為在啟動計畫之前，應有明確觀念的作為。以下也試著從垂直深化與水平分工兩個不同的角度探索「策略落實」的可能性。

一、從垂直深化談如何落實產業策略

當個「快速跟隨者」（Fast Follower）一直是台灣產業界奉行不悖的真理。這牽涉到台灣市場太小、遊戲規則不在台灣手上，

以及台灣人謹小慎微的族群特性。跟好領先者，追著訂單跑，台灣人不落人後，也成就斐然。只是如今到底哪些人在領跑？跑步的方式、步伐是否如前？我們能否先行起步，在前站等候呢？從晶圓製造往上下游延伸，有 IC 設計能力才會有自己的產品，想要有 IC 設計工業，就得知道如何善用上游的 EDA 設計工具與矽智財。

基本上，台灣想要擁有與製造體系相容的軟體工具並不實際，這些軟體掌握在美商與英國的 ARM 手上，加上更多的工具透過雲端提供服務，從交易安全、紀錄、收費來看，未來都將是「寡頭」的結構，台灣要知道如何運用，而不是上窮碧落下黃泉的尋找原創產業價值。

（一）推動跨業整合

至於半導體廠的設備材料廠，台灣沒有能力與 ASML、應用材料這些公司叫板，而半導體化學材料更是必須與原廠共同研發製程的配方，永光化學這類本土公司的參與應該受到鼓勵，但也必須連結國際大廠共襄盛舉。

台灣並非資源不虞匱乏的大國，以有限的資源，在局部市場上取得壓倒性優勢是發展上的必然策略，要比照張忠謀「梭哈」產業的模式，繼續提供半導體製造業與 IC 設計業最佳的產業發展環境。往下游延伸，封測業、通路業都是關鍵環節，鼓勵封測業跨業整合，並在精密組裝上全力發揮技術優勢。至於零件通路

業，則應強化桃園機場的運籌體系，以效率吸引更多零件通路商返台布局，並服務東協、南亞的國家。這些運籌體系也可與以科學園區為核心的海外聚落連結，創造新時代的競爭優勢。

　　基本上，在半導體業前景看好，以及台灣不錯的基礎下，採取「積極的守勢」較為合理。所謂積極的守勢是以台灣有限的資源厚實競爭基礎，繼續專注在晶圓製造、IC 設計、封測與零件通路，對於周邊或上游的材料設備、設計工具等，也都採取正面的鼓勵。但在解決人才不足的問題上，應以各國提供的產業誘因，橫向連結人才與生產基地等相關資源，才能持盈保泰，維持產業的競爭力。

　　台灣必須理解，此刻的半導體業影響了從電腦、5G 到電動車的超重量級工業，也是工業國家的必爭之地。台灣資源有限，能在市場上有一席之地，除了努力之外，也有一些時代的幸運。如今成為各界焦點，台灣除了守勢，還得積極發揮創意，提出各種符合台灣產業優勢的策略，進而達到雙贏、多贏。

　　（二）落實國際分工

　　除了台積電受邀到美國設廠之外，加拿大的汽車工業、醫材需要半導體，為美國組裝汽車與電子產品的墨西哥也需要半導體。日本已經與台積電達成協議，將在九州生產半導體。九州確實是日本水電品質最佳的地方，包括東京電子（TEL）與 SONY 都在九州熊本附近設有工廠，台積電除了可以善用當地水電的優

第二章
美中格局下的台灣半導體產業發展策略　249

質條件，也能延續半導體業的基礎環境。

　　其實，聯電早在幾年前就在日本設廠，台灣頂尖大廠希望以更先進的技術、材料與日本公司建立長期的伙伴關係。也許是量子技術、記憶體內運算的新議題，甚至第三類半導體的戰略合作，都是台日之間未來的產業合作議題。

　　此外，我們也必須理解「天朝中國」背後的國家戰略。美國的中國專家費正清說：「歷史的省思不是奢侈品，而是必需品」，中國利用一帶一路的框架，提供廉價資本與貪瀆的機會，弱化西方國家對於關鍵咽喉地位的戰略部署。而「中國製造2025」是希望掌握關鍵技術，國進民退，並以集中寡頭的社群、技術繼續掌握整個國家的關鍵力量。一旦美國以一帶一路為對抗標的，台灣的價值也會跟著改變。

二、從水平擴張談策略落實

　　北美擁有全球最大、最先進的市場，但北美是由美國、加拿大、墨西哥3國共構的國際合作機制所形成，相較於川普，拜登的北美政策較有敦親睦鄰的考量，而不是僅「讓美國再度偉大」。當美國強調「再度偉大」，中國強調「中華民族偉大復興」之際，台灣就該「自反而縮」，反其道而行，方可取得最大的利益。

　　物聯網、智慧製造的新時代來臨，我們深信在資訊科技的助力之下，生產流程逐漸走向依客戶需求「量身訂做」、「多元分

工」、「即時生產」的架構，全球化的時代飄然遠去，但區域化的生產體系方興未艾，對於美國以及其上下兩端的加拿大、墨西哥，甚至更遙遠的拉丁美洲國家，從建構供應鏈的立場，都應該有新的思維。

（一）推動台加戰略合作

加拿大是個 3,000 萬人口的市場，從市場面觀察，加拿大不是首選，但加拿大的汽車業延伸自五大湖區美國的汽車生產體系，也是全球主要的汽車生產國。加拿大的 Magna 是全球五大車用零件供應商之一，在進入電動車的新時代，更多電子產品的解決方案會來自台韓日本等東亞國家，加拿大汽車、通訊、軟體服務等傳統的產業優勢，可望在物聯網的新時代中結合台灣的優勢，共創新局。在台灣與加拿大雙向交流機制（汽車、醫療、通訊等）中，很多加拿大國籍的台灣科技人可做為橋梁角色，加拿大政府顯然也對此報以高度的期待。

（二）台、墨自由貿易協定，與整個 NAFTA 連結

對美國而言，在美墨邊境興建高牆並非最佳方案，逐步協助拉丁語系國家建立自足生產體系，提供產業生根計畫，深化在地就業機會才是正解。從美加到拉美，台灣還可以從工控應用起步，透過在地應用的深化，傳遞產業的價值。台灣的 ICT 產業經營拉丁美洲市場，除了電腦之外，包括網通、工業電腦體系，多數透過中間商進行，如何縮短認知落差，強化合作生產體系，都是台

灣與拉美國家在未來 10 年、20 年可以努力的方向。

　　一旦拉丁美洲的工業生根，就業機會就會留在當地。目前台灣的鴻海、緯創、台達電等重量級的企業在當地有上萬名員工，也宣示將擴張拉丁美洲的生產基地，但實際上台灣對於中南美的運籌體系十分陌生，國際航運（含客貨運輸）的連結尚待提升，美國應促成台灣與墨西哥簽署自由貿易協定（NAFTA）、投資保護協定，以激勵台商前往投資的意願。

　　（三）日本、韓國、歐洲是友，還是敵？

　　歐洲半導體大廠英飛凌的行銷長賈賽爾（Helmut Gassel）說，歐洲「應該」建立自己的生產體系，但事實上不僅是英飛凌，恩智浦、意法半導體也高度仰賴台系的晶圓代工廠。因此，賈賽爾提出的不是該不該的問題，而是有沒有效率與競爭力的問題。

　　韓國訂出了 2030 年半導體產業的發展願景，韓國政府與三星都表達將超越記憶體，在邏輯晶片上取得更好的競爭力。韓國的國家戰略不會明說以台灣廠商為假想敵，但所有的人都心知肚明，在亞洲能挑戰台灣的非韓國莫屬。但三星在此同時，已成為聯電最重要的客戶之一，如果拆解三星電子的獲利結構會發現，三星已經是友達、立錡等台灣廠商最重要的客戶，真正重疊、有競爭關係的其實只有晶圓代工，那麼是否需要杞人憂天，去幫台積電未雨綢繆與三星的競爭之道嗎？

　　在產業界，敵友之分愈來愈困難，國家不也如此嗎？可以想

像，未來日本與台灣之間的合作將會更加密切，但日本是心悅誠
服，還是想聯合次要敵人打擊主要敵人的統一陣線呢？產業界的
競爭，或者國際間的產業競合，「強者勝」是基本的道理。能成
為強者又能定義市場、主導產業變革，台灣的晶圓代工業是特例，
也給我們很多不同的啟示。

（四）新興國家的起承轉合

　　郭台銘認為，未來的世界只有美中主導的國際分工體系，意
識形態之爭很可能讓所有的廠商被迫選邊站。為了避免成為兩隻
大象爭鬥時的草皮，台灣最好的策略就是「創造第三個戰場」，
讓美中都需要台灣。而現在的產業結構確實有機會讓台灣在新興
市場找到更大的空間。

　　台灣在心態上、戰略上要協助東協與南亞新興國家建構新世
代產業鏈，在中國生產成本逐漸上揚的 2010 年之後，很多公司
將生產重心移往中南半島，基於地利之便，可以從珠三角靠陸運
支援的越南北部成為首選，最成功的範例無疑是三星，台商中的
鴻海、仁寶等公司也隨之跟進，越南成為繼中國之後，第二個手
機、筆電的生產重鎮。

　　產品集中生產，以經濟規模創造效益的模式，在過去 30 年
全球化的過程中確實被奉為圭臬，製造廠接單生產，只要服務筆
電與手機品牌大廠就可以從低毛利高頻率運轉的機制中獲利。但
進入萬物連網的新時代之後，多元生產，以及電動車的商機，讓

整個產業結構出現了變化的徵候。以電子業今天的實力，加上歷史背景以及台灣獨到的優勢，台灣不必顧慮越南、印度等新興國家的威脅，其他國家想要全然模仿台灣，很可能反被市場消滅。

　　從 ICT 到電動車，從終端產品到關鍵零件，各國都在嘗試新的產業發展戰略。越南開始生產電動車，越南的汽車公司 VinFast甚至遠赴美國參展，希望在全球市場上搶得一席之地。當我們相信電動車只是掛上輪子的行動電腦時，延續自筆電與手機的供應鏈，也將成為越南發展電動車產業非常重要的生態系，就像 1980年代的台灣與韓國一樣，越南不會甘於只是一個利用勞動力創造價值的國家。

　　中國、越南的成功典範，必然引誘印尼、印度、馬來西亞、泰國等國家起而效法。泰國國家石油公司（PTT）已經與鴻海集團簽訂合作協議，往電動車的方向發展；馬來西亞則瞄準半導體；過去泰金寶、台達電在泰國建立的供應鏈，如同越南一樣，也將成為整個生態系中的一環。

　　（五）與東協、南亞獨角獸企業的戰略合作

　　全球 95% 的跨國貿易是經由海運輸送的，最繁忙的航線就是南海，因此美國認為中國在南海興建人工島礁，是對全球公海自由航行權的一大挑戰，而鄰近的越南、菲律賓也都對中國的主權宣示充滿疑慮。除此之外，環繞著南海地區的東協各國，是個至少有 6.5 億名年輕人口的大商機，加上印度、巴基斯坦、孟加

拉也有 17 億人。結合在地市場需求的生產商機顯而易見,而切入東協、南亞市場的入口,應該是新興的獨角獸、軟體與在地的 EMS 製造廠。

如同前述,幾乎每個東協國家都有一、兩家稍具規模的電子產品製造商,這些製造商正走在台韓走過的路,從小作坊型態的生產體系,走向經濟規模、公開募資的階段。過去台韓崛起時,中國仍在酣睡,給了台韓絕佳的契機,但今日的全球分工體系,已難以讓東協的業者採取逐步發展的傳統戰略,最佳選擇就是結合台灣的產業經驗,透過資本合作、生產體系的共享,才有可能在台韓與中國模式之外加速發展,奠定足夠的產業發展基礎。

人口接近 14 億的印度,或許可以不同於台灣與東協國家的模式,發展新世代的 ICT 產業。印度成就非凡的系統整合與軟體開發商、獨角獸企業、電信服務商,甚至在地的 EMS 製造廠都可以是台商的選擇。一旦台商落地生根之後,美系的業者才有機會在這個生態系下,尋找更高附加價值的關鍵零件與軟硬體整合商機。

以內需優化產業的附加價值與競爭力

企業經營的最高戰略是「在潛力市場上,掌握獨占優勢」。差異性愈高,障礙愈高,但單靠硬體製造很難形成足夠的障礙,而結合軟體的硬體製造機制,便是事業經營上的深溝高壘。

在烏俄大戰中，網軍的對戰也是關鍵的環節，除了雙方相互攻擊兩國的資料庫之外，不斷有深偽（Deep Fake）技術被使用在宣傳與戰場上，而無人機的使用，更與人工智慧技術息息相關。北大西洋公約組織在 2021 年 10 月啟動一個投資 10 億美元的人工智慧防禦作戰的研究應用計畫，似乎下一個世代誰能主導人工智慧技術，就可以在未來的世界扮演關鍵性的角色。這些演化，或許有令人憂心的成分，但把這些技術透過半導體與硬體設備標準化，不僅在資訊安全上更有保障，也是台灣產業的一大商機。

我們相信，結合人工智慧的生產、運籌機制將可以滿足差異化的需求，在地生產也將帶來各國經濟成長的動力，走在產業前端的東亞諸國與歐美大國，都應以「共享、共創、共榮」的觀念協助新興國家發展本土工業，「繁榮」是民主的基礎，「共同富裕」不是單一國家的訴求，而是國際社會體現公益的一環。

一、布局電動車、未來車產業的實體與虛擬供應鏈

台美之間的戰略伙伴關係，台灣是以小事大，又夾在中美兩強之間，核心戰略不是討好任何人，而是在台灣有獨特地位的市場空間中，找出第 3 個可以共同創造的價值。東協與南亞的新興市場以及正在崛起的電動車，便將是台灣創造伙伴價值的契機。前述與東協、南亞的獨角獸企業如電信服務、當地的 EMS 製造大廠合作，就是電動車市場的商機。

　　產業結構轉變時，就是企業與國家推動新興產業最佳的時機。根據 DIGITIMES 的研究，一個電動車廠的投資金額至少 35 億美元，這是約當 7.5 代面板線的投資規模，現在宣稱要進入電動車的企業多數難以達到這樣的標準。如果有台商生產體系的支援，在機構元件、配套體系與供應鏈生態系的建構上都是縮短學習曲線非常重要的助力。

　　一般認為，超過 100 萬輛高品質的累積生產規模，才算是個穩定的車廠，特斯拉已經在 2021 年底時達標，而新創車廠除了營運模式之外，尚得與市場、同業競爭。對很多國家或大型企業而言，很可能是「心有餘，力不足」，但若能結合台商的體系，在 OS 與面板中控系統上共構，便能使各國業者在軟硬體整合的過程中事半功倍，台商與在地業者都可以雙贏。

　　這樣的訴求不僅僅有利於東協、南亞新興國家的企業，也可與美、加、墨等北美國家雙向合作。特斯拉在起步初期多利用台灣廠商連結供應鏈，至今也與台灣維持深度的合作關係。基於台灣長期從 ICT 產業中累積的優勢，能提供電動車必須搭載愈來愈多的感測器、半導體元件，與台灣結合可以加速落實北美的電動車工業體系。其次，在進入電動車全面普及階段時，生產製造體系不會只侷限在先進國家，多元生產將是常態，而北美的車廠、配套廠商也必須建構起對應新興國家的產銷體系，以「無害的伙伴」著稱的台商，也可以有具體的貢獻。

新創車廠的五大挑戰

35億美元的投資	► 約當7.5代面板線 ► 大多新廠未達30%
5年的生產經驗	► 機構元件、配套體系 ► 策略伙伴、生產的生態系
100萬輛的生產實績	► 規模與品質之爭 ► Tesla在2021年達標
軟硬體整合能力	► OS系統、面板中控等 ► 連網服務、出行、雲端架構
落地的挑戰	► 各國獎勵措施、減碳等 ► 充電樁、儲能、在地服務

資料來源：DIGITIMES，2020/11

　　無論從供應鏈的配套到在地充電樁、儲能等服務，在台灣的西海岸城市就可以找到完整的供應鏈。過去人口密集、幅員小是台灣的侷限，但今天密集的供應鏈、多年累積的產業經驗與資本募集能力，都成為台灣在全世界供應鏈中不可或缺的關鍵價值。

　　台灣已經不是 1980 年代初出茅廬的小伙伴，累積超過 40 年的產業經驗，可以梳理出 MIH 與台達電兩種模式。台達電從過去擅長的能源效率出發，是台灣很多廠商擅長的優勢，而鴻海集團領軍的 MIH，是希望以此為平台連結在地伙伴。現在鴻海在美國、泰國、印度、越南都有戰略伙伴，以台商過去從個人電腦演化而來的產業生態系，不僅是台灣的 DNA，也可能是新興國家最容易複製的產業發展模式。

　　以美國為主的西方世界，強調要讓自由貿易、多元發展，在

技術規範（專利）、自由貿易協定的基礎上深化，我們可以試著從台日、台美、台印、台加等汽車業共同發展平台，建構一個從製造到服務的合作藍圖。

二、重新檢討、深化桃園航空城運籌樞紐計畫

全世界的國際貿易有 95% 的貨物是靠海運，當中以重量而言，只有 0.21% 是靠空運，但這 0.21% 卻帶來 26% 的國際貿易金額。台灣是海島，加上以半導體等高價值的產業為主要貿易來源，所以根據華航提供的資料，台灣在 0.23% 的空運量中，貿易金額卻高達 47%，可以想見桃園機場的重要性。

只是過去有些歷史背景，或者機場本身的條件限制，讓機場只能在並不完美的環境中運作。桃園機場於 1979 年啓用，當時還是冷戰時期，因此航空貨運並未考慮太多中轉，以及與中國大陸之間的關係。1990 年之後的 30 年，大陸崛起、台商轉移生產基地、中國本土工業也有一席之地，台灣出口的半導體有 60% 銷往中國。在分散型生產體系的形成過程中，台灣產業與運籌體系的樞紐地位就更重要，所以我們對航空城的理解不應只是土地開發，更應關注串連整個供應鏈的產業戰略價值。

以半導體零件運籌機制而言，成為亞太零件樞紐的企圖心與戰略變得非常重要，目前 80% 在香港操作，也滿足珠三角、長三角需求，但未來東協、南亞至少會貢獻台灣出口半導體的三分之

一，應思考如何結合航運、運籌業者進行產業升級計畫，爭取台灣的樞紐地位，包括跨業整合、專業能力的提升，重新檢視華航、長榮的貨運機制，開拓具有創意的貨運航線（如台北 → 檳城 → 清奈），為產業進行前瞻布局，以連結優勢。

三、人才國際化：In-bound 與 Out-bound 的雙向檢討

過去 10 年，半導體業如日中天，需才孔急，早在大學畢業季之前，搶人大戰就已開打，但校園裡各大企業具名撐起的攤位只是表面文章而已。事實上，不僅大企業搶人早就用「包班」的方式進行，連跨國公司都透過各種機制主動爭取台灣的人才。

台灣的尋才方式在過去 10 幾年，只是從傳統登報進化到透過人力銀行招募，而未來應透過人才培訓機制，讓準備進入科技業的青年人才參加「先修班」。頂尖半導體人才的培訓機制更是重要，因要考量導入 EDA/IP 運用的作業能力，不僅要針對國內的半導體設計業，台灣的實習場域對很多國家的科技人才而言，都具有極大的吸引力。

台灣可以先設置外籍科技人才培訓先修班，設計 3 個月基本教材，並建立企業合作與付費機制，也可以利用竹科、宜蘭為基地，脫離竹科與西部的科技產業搶人大戰，透過距離上的優勢創造更大誘因。對外的宣傳作業上（Out-bound），建立台美新科技在矽谷的創新平台（Global Innovation Center），遠比在矽谷

利用當地育成中心培養新創企業更為重要。台美合作也可以是各國菁英接觸台灣的窗口，主動出擊，將台灣定位為全球電子電機相關人才的就業與生活天堂。

四、戰略總結與行動方案

半個世紀之前，台灣基於維繫非洲國家的外交關係，派出了無數專家將台灣傑出的農技經驗移轉給很多開發中國家。儘管這些投資最後不見得成為外交工作上可以量化的成果，但台灣農耕隊在非洲各地播種，卻是人類文明中值得被稱許的一頁。

半個世紀之後，台灣從以農立國進化到科技立國，而從 1980 年代創業至今，本土企業與跨國公司都在台灣這塊肥美而且風調雨順的土地上成長茁壯，所培養的創業家、專業經理人都是其他國家可以借助的力量。我們建議成立具有實戰經驗的科技顧問團，並由第一代傑出的企業家組成指導委員會，以 1.5 代科技菁英籌組「科技農耕隊」，並且因地制宜，建立不同國家的產業發展模型。

由這些數位科技大使擔任顧問，可以協助新興國家啟動新事業，也可以連結台灣精密機械、化工、貿易等不同產業的資源，讓台灣這個以代工為主的隱形冠軍團隊發揮最大的效益，進而發展重點國家的雙向自由貿易協定或科技、經濟合作。與南亞、東協國家之間，可以推動泰國、馬來西亞、印尼積極布局，也可以

照應新加坡、越南不要掉隊。如此一來，便可讓新竹科學園區能境外運作，並由台灣主辦「Indo-Pacific Supply Chain Summit」這類可以影響視聽的國際大活動，掌握制高點，更進一步提升台北電腦展等供應鏈展會的價值。

基於這樣的產業戰略，在國家級新世代新聞平台建構計畫中，也可以涵蓋專注供應鏈與亞太科技產經新聞的功能，並以亞洲半導體、供應鏈新聞連結台美科技產業的合作，建立來自台灣的產業話語權。

結語：我們想成為一個什麼樣的國家

面對死亡，可以讓人集中精神，拋棄過去的假設與錯誤。俄羅斯入侵烏克蘭讓全世界都上了一課，瑞典、芬蘭相繼宣布要加入北約，喬治亞共和國也躍躍欲試。每個人都認為無法立即攻克烏克蘭的俄羅斯，正處於最脆弱的階段，而這也是脫離俄羅斯陰影的最佳時刻。

對台灣人而言，「繁榮」與「生存」必須並行不悖，關鍵驅動力在於產經的發展實力上。前景不明時，很多人把台灣當成跳板，這也造成政策的扭曲與短視的商業行為，在傳統的工業時代，台灣人焚膏繼晷，爭取短期 OEM 訂單，相對忽視品牌的經營，雖然造成產業結構上的偏頗，但也建構出無可比擬的製造能力。張忠謀看到了台灣人願意集中全力在製造領域奮力一搏的潛力，

幸運地在時代與產業轉換的過程中成為關鍵事業的領先者。經過半世紀的沉澱，我們的下一代不再是流亡的世代，然而，要如何在危亡的時刻延續優勢，成了今日我們必須思考的課題。

美國詩人朗法羅（Henry Wadsworth Longfellow）說：「人的一生都是奮鬥的戰場，到處充滿血光與火光，不要做一隻待宰的牛羊，在戰鬥中要精神煥發、鬥志昂揚」；既已揮出重拳，就要再接再厲，半途而廢代價太高，產業競爭不必然是零合遊戲，共創、多贏，也可以讓台灣有更大的發展空間。

70多年來，台灣以時間換取了生存的空間，如今世局稍微往有利於台灣的方向擺動。俄國政治家列寧（Vladimir Lenin）說：「資本主義的信徒將繩子賣給我們，將來我們可以用這些繩子吊死他們」。

蘋果在中國建構了供應鏈，但在中國封城、美中貿易大戰聲中，從台商手中承接工廠的立訊、藍思如今正面對龐大的虧損。「趙孟貴之，趙孟賤之」，戰略家必然是史學家，美國人拿著繩子，而我們必須從歷史中學到教訓。不要相信戰爭與政治本質無關，也不要相信科技可以戰勝一切，國家力量將來自受過良好教育的人民與菁英的遠見。

沒有李國鼎、孫運璿這些勇於任事的官員，不會有RCA計畫，不會有台積電、聯電。張忠謀、曹興誠等人在時代的轉折中挺身而出，才有今日半導體業的繁榮盛世。施振榮、苗豐強在

1970 年代創辦的宏碁、神通，成為今日台灣資訊工業的源頭，台灣的繁衍生息，來自第一代產業領袖超凡的眼界與勇氣。

同一時期，郭台銘在土城的小工廠裡，勇敢做一個別人難以想像的大夢。從宏碁繁衍、分割之後出現的華碩、友達、緯創、佳世達開枝散葉，施崇棠、林憲銘、李焜耀都是一時之選，而在 2005 年之後，整併零件通路業的大聯大黃偉祥，與在 3C 通路領域成就非凡的杜書伍，他們都將不起眼的業種，改造成為整個供應鏈中不可或缺的環節。

1987 年返台成立揚智的吳欽智、1998 年創辦聯發科的蔡明介，以及勇於承擔，整併日月光、矽品，讓封測產業沒有後顧之憂的吳田玉，在多元變化中可以因應多軌需求的研華董事長劉克振，他們都是英雄。

感謝，時代的英雄們！

國家圖書館出版品預行編目 (CIP) 資料

矽島的危與機：半導體與地緣政治／黃欽勇，黃逸平著.
— 初版 . — 新竹市：國立陽明交通大學出版社，2022.09

　　面；　公分 . —（科技與社會系列）

ISBN 978-986-5470-43-2（平裝）

1.CST: 半導體工業 2.CST: 地緣政治 3.CST: 產業發展

484.51　　　　　　　　　　　111012767

科技與社會系列

矽島的危與機：半導體與地緣政治

作　　者：黃欽勇、黃逸平
封面設計：柯俊仰
內頁排版：黃春香
責任編輯：程惠芳

出 版 者：國立陽明交通大學出版社
發 行 人：林奇宏
社　　長：黃明居
執行主編：程惠芳
編　　輯：陳建安
行　　銷：蕭芷芃
地　　址：新竹市大學路 1001 號
讀者服務：03-5712121 #50503　（週一至週五上午 8:30 至下午 5:00）
傳　　眞：03-5731764
e - m a i l：press@nycu.edu.tw
官　　網：https://press.nycu.edu.tw
FB 粉絲團：https://www.facebook.com/nycupress
製版印刷：中茂分色製版印刷事業股份有限公司
初版日期：2022 年 9 月一刷、2022 年 10 月一刷、2023 年 2 月三刷
定　　價：380 元
I S B N ：9789865470432
G P N ：1011101222

展售門市查詢：
　陽明交通大學出版社　https://press.nycu.edu.tw
　三民書局（臺北市重慶南路一段 61 號））
　　網址：http://www.sanmin.com.tw　電話：02-23617511
或洽政府出版品集中展售門市：
　國家書店（臺北市松江路 209 號 1 樓）
　　網址：http://www.govbooks.com.tw　電話：02-25180207
　五南文化廣場（臺中市西區臺灣大道二段 85 號）
　　網址：http://www.wunanbooks.com.tw　電話：04-22260330